鍛造
美利堅雷霆

作者——黃竣民

推薦序〈一〉

　　回顧美國陸軍對於裝甲部隊的發展，其實可以追溯到第一次世界大戰，可是當時美國在參戰之後派出所謂的遠征軍，其實只是在人力與物資上大力挹注給英、法…等協約國的陣線，但是在新興武器－「戰車」（Tank）的部分，反而還需要借重英國與法國的協助，才能陸續在美國本土與駐在法國的美國遠征軍成立戰車學校，從而開始了美國陸軍裝甲部隊的起源。

　　一戰之後，美國陸軍並未因身處戰勝國的一方而在軍隊建設上取得優勢，相反地，或許該說是因為選擇想偏安一隅，而大幅縮減在軍備上的各種投資；而裝甲部隊更是其中被刪減的主要項目；這也就導致了在二戰之前，美國陸軍不論是在戰車戰術與裝備研製上，均落後於當時軍事強國的實況。所幸，直到歐戰爆發後，拜希特勒發動「閃電戰」席捲歐陸之賜，美國順勢成為「民主兵工廠」，大量的軍備開下流水線以支援同盟國軍隊進行反法西斯的戰爭。當日本偷襲珍珠港後，美國的再度參戰才又讓軍備現代化出現一道曙光。美製的 M3/M5 輕型戰車、M4 中型戰車，後來幾乎成為各戰場

上的代表性「軍馬」，並一路領著盟軍以壓倒性的數量擊敗軸心國。

隨著韓戰爆發，「冷戰」接著上場，美國才意識到自己的死對頭－蘇聯，卻奉行著與美國完全相反的路徑，他們在各種武器裝備上加大科研的力度，而戰車更是其中的主角，這也是後來能構成讓西方世界恐慌的「鋼鐵洪流」主因，美國也才想急起直追。在這段期間，美國生產出一系列 M47、M48、M60，一直到大名鼎鼎的 M1 戰車。或許自知民主陣營無法在數量上獲取優勢，而單兵的反坦克兵器也越形普及化，當時甚至掀起了一波「戰車無用論」。美軍在越戰之後也發現到直升機的戰場價值，隨即創新出「空地一體」戰的概念，藉以抵銷華沙陣營中的戰車數量優勢。

當「沙漠風暴」作戰行動期間，以美國為首的聯軍，在一百小時的地面戰中完全輾壓伊拉克陸軍後，美國陸軍裝甲部隊並未因戰功而免於在勝戰後遭到裁減的命運，反倒是隨著「冷戰」的終結，美軍新一輪的裁軍計畫紛紛浮上檯面。之後，美國又陷入二十多年的反恐戰爭，這種非傳統式的新戰爭型態，迫使美國陸軍裝甲部隊的編裝產生了巨大變化，易於部署的輪型裝甲車，幾乎取代了履帶戰車的舞台。直到俄烏戰爭陷入拉鋸戰之後，大家才又驚覺到戰車在戰場上的價值，而讓各國也無不加大力度在戰車主動防護的工程上。

這樣也讓美國的戰車工藝朝向輕量化與無人化的路線發展，無論未來的結果如何，美國在戰車研製領域上的動向，勢必再度牽動著世界軍工的走向。

本人的軍旅生涯，多次的重要職務均曾在裝甲部隊歷練，並深深以此為榮；但能夠見到國內竟然有作者願意在裝甲領域如此投入的卻是極為罕見，而有幸的是本書的作者，還是以前的舊部屬。竣民在軍事研究方面的投入程度讀者是有目共睹，看著他先前義無反顧地在德國裝甲部隊中破冰前行，並出版了多本相關的寫真書籍，大大滿足了國內軍迷讀者們的胃口。這一次，他又為了台灣接裝新戰車的重大時刻，嘔心瀝血地投注心力於這一本有關美國戰車歷史的著作，光看他不僅親自走訪美國「摩爾堡」內的「美國裝甲兵學校」、「陸軍裝甲與騎兵博物館」，也出席觀摩「蘇利文盃」最佳戰車車組的競賽活動，甚至連先前「亞伯丁測試場」上的大批歷史車輛，目前轉移到「格雷格－亞當斯堡」內的兵工訓練輔助機構都去拜訪過…，這些都是他堅持以心到、手到、眼到、腳到的軍事研究態度，也足見這一本著作的用心程度與撰寫成本。

我國陸軍所使用的裝備與美國的淵源從未間斷，尤其歷經數十年的努力才得以購入 M1A2T 主力戰車，為陸軍在未來的防衛作戰上注入新血。能在這個裝甲部隊獲得新裝備的

歷史性時間點上，為這一本《鍛造美利堅雷霆》作序，一起
在這個陸軍裝甲兵換裝的大時代留下點記錄，實在是個人在
退役之後的人生，還格外感到欣慰與快意的樂事！

前後備指揮官
（陸軍備役中將）

推薦序〈二〉

The introduction of the tank into combat in 1916 was revolutionary. In a war where modern weapons resulted in a stalemate and "No Man's Land", the tank was able to breakthrough the barbed wire and trenches of the Western Front. These early tanks, however, were not perfect machines.

1916年戰車投入戰鬥時帶來了革命性的變革。在這場現代武器導致僵局和「無人地帶」的戰爭中，戰車突破了西線的鐵絲網和戰壕。然而，這些早期的戰車並非是完美的機器。

The first British tanks, heavy 30-ton machines originally called "landships", could carry massive firepower in the form of multiple cannons and machine guns, but lacked the propulsion to move any quicker than the infantry they supported. The British heavy tanks were effective in leading breakthrough attacks, but not much else. The difficulty of moving these machines meant operations had to be planned well in advance and close to rail lines to transport the unreliable tanks to the front lines.

第一批英國戰車是重達 30 噸的重型機器，最初稱為「陸地戰艦」，它們裝配多門火砲和機槍等強大火力，但缺乏機動力，移動速度甚至比受支援的步兵還慢。英國的重型戰車能有效地擔任攻擊時的突防角色，但也就僅此而已。這些機器移動困難，意味著戰前需要做好妥善規劃，並靠近鐵路線以運輸這些不可靠的戰車開往前線。

Meanwhile, the French, having designed their own early heavy tanks, introduced the first light tank: the Renault FT. Weighing only seven and a half tons, the FT had a much greater power-to-weight ratio than the British heavies, which increased its ability to traverse the battlefield. Furthermore, the Renault FT could be transported by truck, allowing tank units to move from one area of the front to another as needed. The downside to these smaller tanks was a lack of heavy firepower when compared to the larger heavier tanks.

與此同時，法國人也設計出本身的早期戰車，推出了第一款雷諾 FT 的輕型戰車。它的重量只有七噸半，推重比相較於英國的重型戰車好得多，這增加了突穿戰場的能力。此外，雷諾 FT 戰車可以透過卡車運輸，讓裝甲部隊能夠根據

需要從前線的區域機動部署。但這些輕型戰車與較重型的戰車相比，缺點是缺乏足夠的火力。

The strength and weaknesses of heavy versus light tanks would set the standard for tank design and doctrine for the next several decades. By World War II, most armies maintained three types of tanks: light (for reconnaissance and security work), medium (for general offensive and defensive operations), and heavy tanks (behemoths meant for breakthrough operations). In the British Army, these types were classified based on their battlefield role: cruiser and infantry tanks.

重型戰車與輕型戰車的優、缺點，為未來幾十年的設計和戰術理論奠定了標準。到第二次世界大戰時，大多數軍隊都保有三種類型的戰車：輕型（用於偵察和警戒）、中型（用於攻擊和防禦行動）和重型（以體型用於突破防線）。而在英國陸軍，這些類型則根據其戰場角色進行分類：巡航戰車和步兵戰車。

Technological advancements in World War II saw the gaps in capabilities between the various classes begin to close. New designs like the German Panther showed an increasing balance of firepower, armor, and mobility. In 1943, the British began pursuing the idea of the "Universal Tank", capable of performing all roles. This concept was realized with the introduction of the Centurion in 1945.

　　第二次世界大戰中的技術進步見證了各國之間的能力差距開始縮小。像德國「豹」式這樣的新設計展現出火力、裝甲和機動性的平衡。1943 年，英國人開始推行「通用坦克」的理念，能夠勝任所有角色。這個概念隨著 1945 年「百夫長」戰車的推出而實現。

By the mid-1950s, medium tanks could carry guns capable of killing heavy tanks. They could go over bridges the heavy tanks could not, and travel at speeds much greater than they had only a decade before. The fielding of the British Chieftain, the first true main battle tank, signaled the beginning of a new era of tank development and doctrine. By the early 1960s, Western tank design revolved around the main battle tank concept, with the Soviet Union following shortly afterward with the T-64.

　　到了 1950 年代中期，中型戰車裝配足以對抗重型戰車

的火砲，橫跨重型戰車無法越過的橋樑，機動速度也遠較之前世代的重型戰車快得多。第一輛真正的主力戰車應屬英國的「酋長」，它的部署標誌著戰車發展和理論的新頁。到了1960年代初期，西方戰車的設計才圍繞著主力戰車的概念展開，蘇聯隨後不久也推出了 T-64 戰車。

In the 1970s and 80s, the main battle tank was the centerpiece of armor formations in Europe. National prestige became tied to the capabilities of a country's tanks, with constant improvements made to maintain an edge over potential opponents. By 1980, the second generation of western main battle tanks (the British Challenger I, the German Leopard II, and the American M1 Abrams) appeared, surpassing their predecessors in a massive technological leap unseen since in tank development.

在 1970 和 1980 年代的歐洲，主力戰車是裝甲部隊的核心所在。國力的展現與戰車的性能息息相關，為了維持優勢得不斷升級。到了 1980 年代，第二代的西方主力戰車推出（英國的「挑戰者 I」、德國的「豹 II」和美國的 M1「艾布蘭」戰車），對於先前的戰車而言在技術上有了顯著的飛躍。

The end of the Cold War, however, proved to be more effective against the main battle tank then any armor-piercing round. The collapse of the Soviet Union and the drawdown of armies placed the expensive main battle tank on the budgetary shopping block. Though the 1991 Persian Gulf War showed the effectiveness of large and well-trained armor units, the numbers of fielded tanks were greatly reduced, and development came to a near stop around the world. The next thirty years saw main battle tanks used in smaller, less kinetic missions in counterinsurgency and stability operations.

然而，冷戰的結束證明對主力戰車的打擊比任何穿甲彈都更有效。蘇聯的解體和軍隊的縮編，使得昂貴的主力戰車成為削減預算的對象。儘管 1991 年的波灣戰爭展示了大型且訓練有素的裝甲部隊戰鬥力，但部署的戰車數量仍大幅縮減，世界各國的發展幾乎也都陷入停滯。在接下來的三十年裡，主力戰車被用於規模較小、不強調機動力的綏靖和維穩行動中。

Today, the fighting in Ukraine has highlighted what was already known: the tank still serves a central role on the modern battlefield. Stocks of older tanks have been quickly rushed back into service, and armored fighting vehicle development is approaching levels not seen since the Cold War. Around the world, countries are looking to modernize their tank formations. For many, the newest generations of the M1 Abrams, with a proven track record above any other main battle tank, will be the cornerstone of this new wave of mechanization. Even in an age of digital and drone warfare, the idea of mobile protected combat power has not changed since ancient chariots went into battle.

如今，烏克蘭的戰鬥凸顯了眾所周知的事實：那就是戰車仍然在現代戰場上發揮著核心作用。老舊庫存的戰車已被解封並投入作戰，戰甲車的發展也是自冷戰以來的最高峰。全球各國正在尋求對其戰車部隊進行現代化。對許多國家來說，新一代的M1「艾布蘭」戰車將成為這波機械化浪潮的基石。即使在數位化和無人機戰爭的時代，機動防護戰力的概念自古代戰車上戰場以來就沒有改變過。

In this book, Colonel James Huang looks at the main battle tank and why it is still so important on the modern battlefield. Colonel Huang work reinforces that even in an age of digital and drone warfare, the idea of mobile protected combat power has not changed since man first weaponized the horse. While the future will surely bring more evolutionary changes for the main battle tank, its place on the battlefield in guaranteed for the foreseeable future.

在這本書中，作者探討了主力戰車以及為何它在現代戰場上仍然舉足輕重。他強調了儘管進入數位化和無人機戰爭的時代，機動防護戰力的理念自人類首次將馬匹武器化以來就沒有改變。儘管未來主力戰車肯定會有更多的進化，但在可預見的將來，戰車仍然會在戰場上保有一席之地。

羅伯特・科根
美國陸軍裝甲 & 騎兵博物館館長
Robert Cogan,
U.S. Army Armor & Cavalry Collection

前言

　　美國裝甲武力的發展過程雖然相對較晚，甚至在第一次世界大戰時，還都沒有一款自行研製的戰車能投入戰場，主要還是得靠英國和法國的戰車撐住場面。一戰後的經濟大蕭條，更讓起步已晚的戰車發展路徑再度陷入困境，好不容易積累的研發經驗幾乎又找不到舞台，這樣的大環境上讓一些戰車技術先驅的工程師，如：克里斯蒂之輩很難有發展的空間，這也導致了他的產品專利去了蘇聯開花結果，蘇聯人以他的設計研製出 BT 系列的快速坦克，後來更催生出 T-34 中型坦克。美國在這一段期間內信奉的孤立主義，的確讓戰車的發展得不到所需的資源，因此美軍在這一個領域上的技術水準與戰術觀念又再度停滯。

　　當西班牙內戰讓一些國家有機會將新一代的戰車投入在戰場，並在實戰中獲得改進的資訊後，戰車又在火力、機動力與防護力上推升了一個級別，但這些幾乎都與袖手旁觀的美國沒有關係。直到希特勒整軍經武多年的裝甲部隊，在波蘭和西線以新型態的「閃電戰」震驚全球之後，美國在接獲英國的求援之下，才開始啟動「民主兵工廠」的運作，並將生產坦克作為優先工作，並在 1940 年 7 月才在陸軍正式成

立了裝甲兵這一個獨立的兵科，從此讓美國的坦克也進入另一個發展紀元。

二戰期間，美國生產的各型坦克大大協助了同盟國軍隊在各戰區對軸心國的反攻，其中以M4「雪曼」戰車均衡的綜合性能，更一舉成為盟軍的代表性產品，也讓英、法、德、俄國⋯等這些較早開發坦克的軍事強國，不敢再輕視美國在這一項武器上的設計與研製能力。然而二戰結束後，1946年美國又開始了另一波的裁軍潮，美國大量的裝甲部隊官兵與坦克，都難以抵擋這無用武之地的現實情況，官兵不是轉換兵科或解甲歸田，就是裝備進行封存。這樣的作為，恰巧與蘇聯操作的方向相反，共產陣營在蘇聯的支持下正在全球迅速擴張中，俄系的坦克陸續在朝鮮半島、越南、中東⋯成為民主國家的痛處。

韓戰爆發後，讓美國終於意識到過度裁軍的可怕，尤其是對手正在擴張版圖，因此停滯的戰車研製工程才紛紛開綠燈，一下子感覺如雨後春筍般地被大量推出，但事實上這一時期所推出的戰車在質量上實在是問題叢生，以至於服役時間都不太長久，一直要到M48「巴頓」之後的品質才算是比較穩定。而冷戰期間的軍備競賽，雖然也歷經了核子武器戰略的轉換，也在中東的「贖罪日戰爭」掀起了戰車無用論的討論，這些變化的確讓美國繼續在戰車的研製上造成壓抑，

畢竟美國長久以來對於陸權的爭霸上都是其次，發展空權來協助地面部隊作戰一直都是被美軍奉為圭臬的作戰概念，而這樣的作戰構想也的確協助美軍在冷戰期間擊敗了蘇聯，還造成其共產附庸國相繼的崩解。

當兩大集團的對峙局面不再，美國又帶領了盟軍以新一輪的閃電戰攻勢，在短短的一百小時地面行動後解放了科威特，隨後更假借囤放大規模毀滅性武器為由，揮軍進入伊拉克並擊潰了海珊政權，這些都得仰賴裝甲部隊的攻城掠地。但阿富汗的反恐戰爭與伊拉克的反叛亂、綏靖戰爭型態的拖延，不僅讓美軍的裝備採購與研發走向趨於輕量化，整個部隊訓練也偏離了正規的傳統模式。在這一個世代中，美國陸軍與海軍陸戰隊大量裝備以「史崔克」八輪裝甲車和「防地雷反伏擊車」（MRAP），反而冷落了威力強大的主力戰車，以便快速於全球機動部署。雖然這樣的現狀不能說與世界脫節，畢竟在這三十年當中許多國家正在享受和平所帶來的紅利，連北約成員國的軍事投資也都降到歷史低點，所以美軍此刻的對手並非世界的強權，說穿了也只是地痞流氓等級的游擊隊，殺雞何須用牛刀呢！

當俄羅斯於 2022 年 2 月對烏克蘭發動所謂的「特別軍事行動」，這一場從 2014 年「克里米亞危機」以來的序曲，才又讓以北約為主的國家們意識到俄羅斯的軍事威脅不僅沒

有消失，甚至已經有強力復活的跡象，各國為了抵抗俄羅斯的擴張，紛紛大力軍援烏克蘭，其中各型戰甲車就是能否抵擋住俄羅斯軍隊的關鍵。歷經「新冠肺炎」（COVID-19）幾年的肆虐，的確讓國際軍備的市場更加地沉寂了一段時間，但現在隨著俄烏戰爭的戰火看不到盡頭，以色列與哈瑪斯的衝突更加激烈化，中國又強勢的崛起，迫使美國進行下一輪的組織再造計畫，並啟動大規模的「下一代戰鬥車輛」（NGCV）汰換計畫，其中的「機動防護火力」（MPF）已經定案，讓陸軍終於能獲得新型的 M10「布克」輕型戰車；其他的「機械化步兵戰車」（MICV）、「裝甲多用途車」（AMPV）、「機器人戰車」（RCV）和「決定性殺傷平台」（DLP）等項目，也都值得軍迷們期待！

　　隨著國軍對美採購的 M1A2T「艾布蘭」主力戰車的接裝，讓台灣的地面主戰部隊終於又有點噱頭可以呈現，畢竟換裝主力戰車的過程起起伏伏，軍購優先項目的屢次調整所造成時間的延宕，讓陸軍老舊的 M60A3 和 CM11（M48H）「巴頓」系列戰車遲遲無法退役，但面對解放軍戰力的顯著提升，這些被劃分為前二代技術水準的戰車（使用 105mm 線膛砲、滾軋均質裝甲），在面對中國自製的 96B、99A 式主力戰車時，這種相對性的作戰性能輾壓下，實質戰鬥力與戰場生存力不僅是屢遭質疑而已，更是陸軍組織無法實質轉

型的隱形痛點之一！

我國長期自有美援以來，便以美系的武器與訓練為主流，陸軍的裝甲部隊也不例外，從抗戰時期接獲美援的 M3/M5 輕型戰車、中國駐印軍操作的 M4 中型戰車，到轉進至台灣後所使用的 M10、M18、M36 驅逐戰車、M24、M41 輕型戰車、M48A3、M60A3 主力戰車（還不包括有興趣採購、卻中途收手的 M8 輕型戰車），這當中迄今仍有車款都還在陸軍和海軍陸戰隊中服役，顯見我國裝甲部隊在獲得戰車這一款武器上的步履蹣跚，間接也影響到整個防衛作戰的實力展現；尤其是近年整體的軍事戰略已經將島內作戰成為訓練重點後，以往被忽略或因政治正確而不願意正視的問題，現在也都隨之浮上檯面。如今在獲得 M1A2T 戰車之後，究竟能產生出什麼樣的效果與轉變，有待國人繼續關注。

有鑑於台灣在接裝 M1A2T「艾布蘭」主力戰車之後，根據圈內人士的保守估計，在 20-30 年的時間內，陸軍幾乎沒有再獲得其他戰車的機會！為了在這陸軍裝甲部隊歷史性的一刻留下紀錄，承蒙「黎明文化」出版社的邀請，特地編撰了這一本《鍛造美利堅雷霆》，讓國人可以了解美國陸軍一路走來的裝甲發展史！為此，筆者特地走訪了美國維吉尼亞州「貝爾沃堡」（Fort Belvoir）的「美國陸軍博物館」（National Museum of the United States Army）、「格雷格-

亞當斯堡」（Fort Gregg-Adams）的「兵工訓練輔助機構」
（Ordnance Training Support Facility）、喬治亞州「摩爾
堡」（Fort Moore）的「美國陸軍裝甲與騎兵博物館」（U.S.
Army Armor & Cavalry Collection）、「國家步兵博物館」
（National Infantry Museum）取材，並親身觀摩了兩年一度
的「蘇利文盃」（Sullivan Cup）最佳戰車車組的競賽，在
獲得相關單位的協助下，才順利完成出這一本著作。

目錄

第一章
摸索期至一戰結束（～ 1918 年）　　　**025**

第二章
從停滯到二戰擔當重任（1919-1945 年）　**073**

第三章
兩大陣營對峙期間的發展（1946-1991 年） 149

目錄

特別收錄
「蘇利文盃」（Sullivan Cup）
最佳戰車車組競賽　　　　　　　　　331

第一章

摸索期至一戰結束

（～ 1918 年）

　　當「工業革命」（Industrial Revolution）的步伐在 19 世紀下半段大步走時，由新科學知識所研發出來的各領域產品充斥，這其中當然也對於戰爭所使用的武器造成影響，因為新的武器裝備，如射速大幅提升的機關槍，很快就被各國軍隊採用；火砲的技術也讓射程與威力逐漸受到重視；汽車的發明正在取代騾馬的道路運輸…這樣的發展現狀，也讓軍事強權在舊的戰術和戰爭概念上，必須不斷更新才得以跟上時代潮流，反之，則有覆頂的危險！

　　回顧起美國在裝甲車輛的研發歷史，或許可以從火車說起。因為火車早在美國內戰時期，就被賦予遠距離運送人員和物資的任務，後來任務越來越多樣，部隊也開始得擔負去執行偵察、巡邏、突襲或護送等等的任務，因此士兵偶爾也需要下車戰鬥。在需求產生供給的原則下，很快地在火車上就安裝了火砲，因而讓火車具有更大的攻擊力，並使火砲具有更大的機動性。後來還從海軍的裝甲艦（Ironclad）中汲取靈感，透過鍍鐵來抵禦小型武器的火力，並設有可供步兵發射步槍的槍眼，甚至後來還安裝海軍艦砲來充當移動式的堡壘，為步兵提供火力支援。但火車終究是必須仰賴著鐵軌移動，本身還是有著先天上的拘限性，後來內燃機的發明之後，才使得這種裝甲載具逐步擺脫了鐵軌的束縛，逐漸成為一種獨立的戰鬥車輛。

　　美國有位浮誇的發明家，也就是被稱為是「世界上第一

位汽車騙子」、也是創造出「摩托車」（Motorcycle）一詞的愛德華
喬爾·彭寧頓（Edward Joel Pennington），他早在 1896 年就
草擬出了一款帶有兩挺機槍的無車頂裝甲車設計方案，而這種
將機動車輛與機槍結合起來的技術，竟然也成為他申請專利的
想法。這一款他所謂的「戰鬥汽車」（Fighting Autocar），在右
前方與左後方各安裝了一挺帶有防護盾的馬克沁（Maksima）
機槍，但設計本身卻問題重重，也沒有完成預期對投資人所
吹噓的性能，因此他為了躲避美國國內的債權人，還跑到大
西洋彼岸的英國碰碰運氣。他不跑還好，這一跑到了英國卻將
幻想產品的光環給拱手讓人，因為其中一位原本是他財政支持
者；也是後來英國「戴姆勒汽車辛迪加公司」（Daimler Motor
Syndicate Ltd）董事的弗雷德里克·理查德·西姆斯（Frederick
Richard Simms），逐漸取代掉他在這領域上的名聲。

+ 圖 1-1：彭寧頓的「戰鬥汽車」，只是他藉以招搖撞騙的其中一個項目。（Photo/
Autocar magazine）

西姆斯在類似的構想下，讓工程師依照自己的設計進行修改，後來將機動車輛的技術與機槍結合起來而成為了所謂的「裝甲車」。或許現在看這樣的設計是很滑稽，但在當時汽車還不普及、機槍也才剛被軍隊列裝、今日我們所使用的「裝甲車」等術語壓根兒還沒有進入字典、「裝甲戰」這名詞根本還不存在，因為距離真正的「戰車」問世，那還是十多年之後的事了！

另一位值得注意的是亨利・波特・奧斯本（Henry Porter Osborn），他在 1898 年提出了一個巧妙的概念，就是使用開放式大直徑的輪子來防禦敵人的火力，並覆蓋兩側任何形式的發動機，取代原本由獸力拉動的動力裝置，而成為一款擁有自主仰賴機械推動的「火砲車廂」（Gun Carriage），這也是機動砲台的一個非常早期的概念。雖然這樣的裝甲怪物最後沒有建成，但這卻是目前第一批已知以機械推進的裝甲戰車之一。如果以今天的標準來看，該車輛甚至還較早地體現出後來許多被視為理所當然的裝甲車元素，以及如何在戰鬥中實際部署車輛的概念。

在進入 20 世紀之後，美國軍方如伊利諾伊州的國民兵少校戴維森（Royal P. Davidson）之輩，在自行車輛上開始安裝機槍進行試驗，而這樣武裝汽車概念的實驗非常成功，甚至讓當時的陸軍司令納爾遜 A. 邁爾斯（Nelson Appleton

+ 圖 1-2 ： 1902 年西姆斯駕駛自己設計的裝甲車。（Photo/Wiki）

Miles）直接向戰爭部長提出建議，將五支騎兵團改用汽車取代馬匹。可惜當時陸軍總司令和戰爭部長的職位長期處於權力鬥爭，戰爭部長伊萊休・魯特（Elihu Root）上任後，對於陸軍部的效率低落、腐敗和重大的醜聞（如「牛肉醜聞」[1]）感到難以忍受，於是急於在軍事管理方面上進行改革，因為他認為這才是領土管理或未來任何軍事行動勝利的先決條

1　在「美西戰爭」期間，美國政府運了數百噸的冷凍牛肉和罐頭牛肉給部隊食用，造成官兵患了嚴重的腸胃疾病，除了導致軍方高層下台外，也直接催生後來美軍的口糧 (MRE) 制度。

+ 圖 1-3 ：1915 年由戴維森所改裝的裝甲車模樣。（Photo/Wiki）

件。這兩位美國當時軍權在握者的角力對決結果，陸軍司令邁爾斯落敗了，而他也成為歷史上美國陸軍的最後一位司令，之後該職位就轉變為陸軍參謀長迄今。

　　儘管先前的騎兵編裝遭到高層的否決，戴維森也並沒有感到氣餒，隨著汽車數量在美國逐漸增加，幾年後他開始改用「凱迪拉克」（Cadillac）汽車進行改裝，除了安裝機關槍外，甚至還增加了探照燈，以實現有限度的夜戰和通信功能，讓這樣的武裝載具能夠執行更多樣的任務。為了驗證與多了解這樣的武裝車輛在實際路上的表現，甚至在 1915 年時，他更率領車隊成功地從芝加哥長途跋涉到舊金山，這當中的路

程超過 2,100 哩，取得了重大的實驗數據。

　　而在戴維森遠征的同時，在美國的西南部邊境也看到了軍用車輛的積極使用，這得回溯到美國和墨西哥之間的問題，而這樣的衝突在 1910 年墨西哥革命開始後不久就開始轉趨激烈了。位於墨西哥北部的革命力量，由潘喬‧維拉（Pancho Villa）主導的殺戮行為，甚至後來的跨境入侵事件，終於也正式激怒了美國。在群情激憤下，導致美國總統威爾遜（Thomas Woodrow Wilson）下令組織一支遠征軍進入墨西哥進行報復，以掃蕩維拉的黨羽。而這一次登場的主角，可是後來在一戰歐洲戰場上響叮噹的人物：約翰‧約瑟夫‧潘興（John Joseph Pershing）准將[2]。1916 年他的部隊在對墨西哥進行壓迫性的追擊時，就帶上數百輛卡車和少量履帶式的拖拉機隨行。由於缺乏來自當地政府的援助，墨西哥甚至拒絕讓美國軍隊透過鐵路系統運輸部隊和物資，潘興不得不採用這樣的卡車縱隊運補方式，以維持這一支為數上萬人所組成的遠征軍，深入混亂的墨西哥邊境達 560 公里。

　　在這一次深入墨西個境內的遠征行動中，潘興經常乘坐「道奇」（Dodge）的汽車四處視察，車輛儼然已經成為機

2　為了表彰潘興在第一次世界大戰期間的卓越貢獻，美國國會於 1919 年授權總統晉升他為美國陸軍特級上將（六星），這是美軍設立的最高軍階，他也是首位獲得此殊榮者。

First Armored Motor Battery in Action.

+ 圖 1-4：美 - 墨邊境地區美軍所使用由「麥克卡車」（Mack Trucks）公司所生產的軍用裝甲車，攝於 1914-1916 年間。（Photo/Wiki）

動指揮所的用途。除此之外，雖然缺乏鐵路運輸的優勢，履帶式拖拉機則被用作貨物的運輸使用，步兵連則被安裝在卡車上，開始有了摩托化步兵的構想與雛型；而第一航空中隊的「柯蒂斯」（Curtiss）JN 3/4「珍妮」（Jenny）雙翼機，也為潘興指揮的部隊提供空中偵察服務。其中還有一段插曲，是另一位美國後來的裝甲兵猛將：小喬治・史密斯・巴頓（George Smith Patton Jr.）的戰鬥經歷。巴頓指揮著三輛道奇裝甲汽車，在牧場上試圖採購玉米來餵馬，但這次平淡的採購任務卻迅速轉換成對牧場附近進行搜索，在隨後無預警爆發的小衝突中，維拉的私人保鑣隊長、也是維拉的第二號人物：胡里奧・卡德納斯（Julio Cárdenas）被當場擊斃，而

在這一場由武裝汽車所發起的機動攻擊行動中，巴頓的手下則無傷亡。

儘管美國這一次的討伐（Punitive Expedition）行動未能盡殲維拉的黨羽，但它確實為這一支遠征部隊提供了寶貴的訓練經驗；這也是自美國內戰以來最大規模的軍事行動之一。在這一場軍事行動中，美國有效地展示了投射軍事力量的能力，不只有助於遏止邊境的襲擊和侵略，隨著美國捲入第一次世界大戰的時間越來越近，這樣的經驗與教訓提供了寶貴的資產。

當第一次世界大戰的戰火在歐洲蔓延開來後，戰爭很快地成為一場拉鋸戰，而且大量的人員在機槍的掃射下，紛紛在雙方構築的壕溝陣地前倒下，死傷枕藉。雖然雙方都動員龐大的資源投入慘烈的戰事，但戰線拉扯的變化卻不大，參戰的兵員更是已經疲乏不堪，對於戰爭也終於不再有幻想。儘管歐洲戰場已經撕殺得你死我活，法國西線也傷亡慘重，戰爭陷入長期的僵局，遺憾的是交戰雙方都拒絕了美國總統威爾遜所提出結束衝突的提議。而從 1914 到 1917 年初，美國國內盛行的主要外交政策，目標是遠離歐洲的戰事並促成和平協議。

即便美國政府堅持的行動都是中立，卻也不能保證就不會受到波及。例如：1915 年，德國海軍擊沉了三艘美國船

隻、甚至用魚雷擊沉了英國 3.1 萬噸的「盧西塔尼亞」（RMS
Lusitania）號遠洋客輪，造成包括 128 名美國公民的死亡⋯
但這樣偶然事件，美國竟然也無動於衷；甚至還聲稱這種悲
劇的索賠方式可以等到戰爭結束才商議。不過在「盧西塔尼
亞」號事件和國務卿布萊恩（William Jennings Bryan）辭職
後，美國內部的態度也算有了改變。因為威爾遜總統也公開
致力於所謂的「備戰運動」（Preparedness Movement），並

　＋ 圖 1-5：與當時歐洲軍隊的標準相比，美國陸軍雖然發展腳步遲緩，但終於有了
　　 現代化的樣子。圖為「懷特」（White）M1916 型裝甲汽車。（Photo/ 黃竣民攝）

開始建立陸軍和海軍。在 1916 年的 6 月份，美國國會通過了《1916 年國防法》（National Defense Act of 1916），陸軍規模擴大一倍（11,300 名軍官、208,000 名士兵）、建立了「預備役軍官訓練團」（ROTC），並擴大了國民兵部隊的員額（約 40 萬人）。同年晚些時候，國會又通過了《1916 年海軍法案》（Naval Act of 1916），該法案奠定了海軍大規模擴張的基礎，企圖在 1920 年左右能與英國皇家海軍平起平坐。因此，雖然威爾遜在競選活動中打出「他讓我們遠離戰爭」（He kept us out of the war）的口號，提醒選民在他的任內將維持避免與德國或墨西哥公開衝突的國家政策，但他卻從未鬆口說過，即使受到挑釁也決不參戰的話！

　　反觀歐陸，1916 年盟軍發起「索姆河戰役」（Battle of Somme），英軍在 9 月 15 日首次將「戰車」（Tank）這一項武器推上戰場，為數不多的「馬克 I」（Mark I）型戰車配合步兵進攻，突破了德軍防線 4 至 5 公里深，這也是戰爭史上第一次運用戰車突擊的紀錄。[3] 德軍初次面對到這種裝甲怪物後的反應失常，因為心理震撼所導致主動放棄陣地向後退卻；但英軍卻無力掌握戰術層級的成功擴張戰果，加上當

3　1916 年 11 月，當第一批官方照片通過審查後在報紙上發表時，一般民眾才正式看到了這種新的戰爭機器。

時對於戰車的技術與裝備尚未完善，且戰線廣大（10公里僅部署18輛戰車），因此也沒能達成戰役目標。雖然英軍又將少數的戰車投入後續二次的戰鬥，但同樣收效不大，而這樣反倒是讓德軍開始認真想破解如何反制這龐然大物的戰法。由於當時對於掌握戰車這種新技術下的產物還不熟悉、機械狀況不可靠，因此在運用初期都明顯低估了它的戰場價值。

然而，在美國出兵歐洲大陸參戰之前，美國也只能眼巴巴地看著英國與法國在研製戰車這一款武器上取得發展先機，但這並不表示美國在裝甲車輛這一個領域中沒有想法，應該是說美國當時所生產的機器，在支援戰爭中發揮了重要

+ 圖 1-6：1916 年 9 月「索姆河戰役」中，位於蒂普瓦爾（Thiepval）附近擔任預備隊的英軍「馬克 I」型雄性戰車。（Photo/IWM）

的作用；其中之一便是將近 3 千輛所謂的「霍爾特」（Holt）拖拉機，和超過 5 千輛的「麥克」AC 型卡車在英國和美國部隊中服役。

　　早在第一次世界大戰爆發之前，曾經就有多家民間廠商試著向軍隊推銷履帶式的拖拉機，但當時軍方並未特別意識到這種裝備的戰爭潛力，因而普遍沒受到當局的重視，因此履帶式車輛在歐洲本土並不常見，但美國設計的拖拉機卻已出口到多個國家用於農業和運輸工作。因為在鬆軟地形的試驗中，它展現出了超凡的行走能力，這樣優異的泥濘地形越障特性，甚至連當時的奧匈帝國都想在當地生產；只是後來物資因戰爭無法從美國運來而作罷。

　　第一次世界大戰開戰不久，1915 年法國和英國也都各自試驗了他們最初設計的戰車，而「霍爾特」拖拉機在這兩個國家都沒有缺席，也都參與了試驗的工作。例如：「霍爾特」與芝加哥「布洛克緩爬」（Bullock Creeping Grip）拖拉機公司和威斯康辛州的「基倫海峽」（Killen-Strait）公司所製造的機器，分別一起參加了在英國舉行的測試；事實上，「基倫海峽」這一部拖拉機的上翹履帶可能影響了英國生產菱形戰車的想法。[4] 在測試時，「基倫海峽」拖拉機衝

4　事實上，英國第一款戰車是使用了美國「布洛克緩爬」的履帶系統，最終安裝在世

進了密密麻麻的鐵絲網陣，穿過彈坑和以鐵路枕木堆成的人工障礙，雖然優異的機動性令人印象深刻，但卻未能突破濃密的鐵絲網陣。當研發人員將「德勞內 - 貝爾維爾」（Delaunay-Belleville）裝甲車的車身，給實驗性地安裝在「基倫海峽」拖拉機上時，它可能成為歷史上人類普遍認定的第一輛履帶式裝甲車。[5]

歐內斯特・斯溫頓（Ernest Swinton）中校是英國人公認戰車最早的發明者之一，他的設計構想也是從他朋友信中對「霍爾特」拖拉機的描述而獲得靈感。如果要更具體地說，連法國「施耐德 CA」（Char Schneider CA）和「聖・沙蒙」（Saint-Chamond）戰車，甚至是德意志帝國的 A7V「裝甲突擊車」（Sturmpanzer-wagen）的運行裝置，都是基於「霍爾特」的設計；德國人甚至還給付了該專利的使用費，著實相當諷刺啊！

+ 圖 1-7：裝有「德勞內 - 貝爾維爾」裝甲車車身的「基倫海峽」履帶式拖拉機，正在英國接受一系列的測試。（Photo/RAC Tank Museum）

　　界上第一輛戰車；也就是大家所俗稱的「小威利」（Little Willie）戰車上。
5　國「德勞內 - 貝爾維爾」輪型裝甲車，是最早為乘員提供頂部防護的裝甲車之一。

　　撇開「霍爾特」拖拉機為英、法國戰車在設計思路摸索上的貢獻，它在一戰中最大的價值，在於成功扛起了野戰砲兵轉移陣地的重任。因為在一戰期間，西方戰線發展成為塹壕戰，敵我雙方長期的砲擊導致地形惡劣不堪，地勢情況使得第一線的補給難度大幅增加，讓傳統的野戰砲兵在轉移陣地的機動上困難重重，經常無法及時提供延伸火力射程以突破僵局，而美國的拖拉機就成為盟軍火力能否延伸的重要裝備。它們在第一次世界大戰中被英國、法國和美國軍隊廣泛用於牽引重型的野戰砲（包括：BL 9.2 吋榴彈砲和 BL 8 吋榴彈砲）。如果仔細一算，光是英國在衝突期間使用了超過 1,600 輛「霍爾特 75 型」（Holt Model 75）拖拉機作為大砲原動機，這些機器幫助英國軍方熟悉了履帶車輛。

　　在此之前，還必須承認美國軍隊對於裝甲車這玩意實在沒有花上多大的心思，雖然早在 1914 年就在騎兵部隊上進行了實驗，許多發明家或設計師多少有著新構型或草圖，例如這位英國駐美的船舶工程師：亞歷山大・麥克納布（Alexander McNab）；他在 1915 年所提出「鱷魚」（Alligator）戰車，可以說是在一戰中美國最可行的戰車設計，但可惜也都沒能修成正果。這些想法與設計不是沒能具體完成實現，就是只能日後在圖上緬懷而已。但美國強大的汽車生產製造能力，許多汽車大廠甚至是小規模的個人工

+ 圖 1-8：「索姆河戰役」時（1916 年 7 月 1 日至 11 月 18 日），一輛「霍爾特」
拖拉機正牽引著一門 9.2 吋榴彈砲往前線運動中。（Photo/IWM）

廠，都有能力在一定的範圍內提供由汽車或拖拉機改裝而成
的裝甲車。例如派赴墨西哥遠征的「傑弗里 1 號」（Jeffery
1）裝甲車（雖然後來都幾乎在擔任訓練任務，並沒有實戰紀
錄）。但美國陸軍對這種裝甲車並沒有多大的興趣，因為大
家覺得它龐大、複雜且昂貴。

　　雖然「傑弗里 1 號」裝甲車實際上是美國政府為正規
軍所下訂製造的第一款裝甲車，而且也有幾輛在國民兵部隊
中。它的空車重 5.3 噸、車高有 2.5 公尺、搭載一台 Jeffery

Gasoline -U Buda 4 缸直列液冷式發動機、搭配速 6 前進 /6 後退檔的變速箱，最大動力輸出為 25 匹馬力、具備 4x4 轉向、迴轉半徑為 8.5 公尺、涉水約 40 公分、金屬路輪上有橡皮包裹、成員則是從側

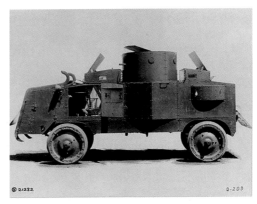

＋ 圖 1-9：在 Jeffery Quad 4017 全輪驅動卡車的底盤上改裝而成的「傑弗里 1 號」裝甲車，但美國軍方興趣缺缺。（Photo/Thomas B. Jeffery）

門進入。配備的火力有四挺 .30 口徑的機槍（分別位於主戰鬥室的頂部，另一挺則位於後軸上方的艙室後方）和兩支備用步槍，特點是可以從中段上的全迴轉砲塔上進行射擊，而砲塔的仰角為 -10 至 +80 度。雖然它在美國國內沒能有更大的斬獲，反倒是北方的加拿大對它感到興趣，因為國土遼闊的因素所需，後來它在加拿大算是找到第二春，不過也只有 40 輛之譜。

　　當美國在 1916 年舉行總統大選時，歐陸的協約國已經損失慘重，德國人似乎在戰場上取得更多的優勢，雖然德國本身也付出沉重的代價，但德軍當時佔領了法國北部、整個比利時幾乎淪陷，並在蘇俄、義大利、羅馬尼亞和塞爾維亞都取得戰果。協約國只能仰賴英國的海權力量封鎖德國，

嚴峻的形勢最終迫使德國決定再次啟用「無限制潛艇戰」（Unrestricted submarine warfare），寄望用潛水艇來打破英國的封鎖，這一來便會讓來自美國等中立國家的船隻陷入險境。雖然德國也考慮過恢復「無限制潛艦戰」，這也意味著將美國拖入戰爭的漩渦，但德軍的參謀本部經過兵棋推演後，判斷出美國即便加入戰局，也會因為國內動員整備的速度太慢，而無法及時在西線阻止德國的勝利。顯然德軍這樣的兵推結果是失算了！

加上德國外交部長發給德國駐墨西哥大使的電報複本遭截獲，這種計畫對美國採取敵對行動的企圖昭然若揭後，美國總統威爾遜在打與不打的問題上，已經沒有選擇的餘地了，參戰已經是在所難免的決定；因此美國國會在 1917 年 4 月 6 日正式批准了對德宣戰。這一道消息一出，英國、法國和俄羅斯組成的協約國陣營士氣大振，因為對它們而言，近 3 年的戰爭打下來，損失的軍人、金錢和物資已經難以估計與負荷了。以英、法國為主的協約國代表紛紛前往華盛頓，向美國提出戰爭的需求，除了食品、物資、經費…外，更需要美國部隊來充當生力軍。

根據美國當時的《兵役法》，有將近 280 萬名役男被徵召入伍，不過德軍在對美國動員速度上的情報判斷也算得頗為精確，因為美國的確在 1918 年春天之前，並還沒有準備好

要向歐洲大陸派遣軍隊。雖然在此期間，美國國內的準備工作已全面啟動，這個盟軍的大後方有系統性地動員人力和物資，儘管最初幾個月運作起來仍存在著許多的混亂，但影響層面很低。而在東線上的俄國因為發生一系列的革命，1917年政府幾乎完全處於失能與混亂的狀態，年底時俄國就和德意志帝國等國簽訂了《布列斯特－立陶夫斯克條約》（Treaty of Brest-Litovsk），認賠退出第一次世界大戰，大批戰鬥經驗豐富的德軍又從東線轉移到西線，完成了一次漂亮的內線作戰實例。但在大西洋的戰場上，德國僅靠潛艇仍未能有效切斷美、英、法之間的補給線，德國人飢餓的程度只有更嚴重。

雖然威爾遜總統下令組成的「美國遠征軍」（American Expeditionary Forces, AEF）最初的指揮官發生意外，後來才任命潘興將軍接掌繼續指揮。由於潘興堅持美軍在部署到歐洲大陸之前，必須接受過良好的戰鬥訓練，而不是單純是用美國人的生命去填充盟軍防線的漏洞，因此在 1918 年 1 月之前抵達的軍隊寥寥無幾。直到 1917 年 6 月時，約只有 1.4 萬名美軍抵達法國，甚至到 10 月下旬時，美軍的第 1 步兵師才真正在前線參與小規模對德軍防線的進攻。等到 1918 年春天，第一批 10 萬美軍終於抵達法國，他們受到疲憊不堪的盟軍歡迎，因為他們剛剛擊退了德軍 1918 年春季大攻勢。

到了 5 月時，美軍已經有超過一百萬的部隊在法國，但實際在前線的部隊仍然不多（約只有一半）。不過令盟國感到沮喪的是，潘興將軍堅持保留對美軍的指揮控制權，並拒絕將他們派往前線，直到他們能夠獨立作戰為止。所以直到 1918年 5 月的「坎蒂尼戰役」（Battle of Cantigny），才算是美軍像樣的參戰；而這一年也是美軍獲得第一輛戰車的歷史性時刻。

+ 圖 1-10：位於美國華盛頓特區一戰紀念公園內的潘興將軍雕像，紀念他在一戰時的卓越功績。（Photo/ 黃竣民攝）

+ 圖 1-11：1917 年美軍裝甲兵的徵兵海報，標題寫著：「粗暴地對待他們（敵人）！」。（Photo/Wiki）

　　美國在參戰的前三年戰爭中幾乎沒有做任何戰爭準備，中立政策讓它對於歐戰充滿著冷漠感，當然也不會去太注意到 1916 年英國開始動用「戰車」這一項新武器，新的戰爭模式已經開始。因此，從它宣布參戰之後到終戰，美國陸軍壓根兒沒有自身研製的戰車可以端上檯面。當 1917 年夏季，潘興將軍已經將「美國遠征軍」的總部設於法國上馬恩省的肖蒙（Chaumont），他閱讀了美國觀察員對英軍和法軍戰車在實戰中的報告，隨後他成立了專門的委員會來研究新型態的戰爭。而委員會得出的結論是：「戰車」，注定將在未來的作戰行動中發揮作用，並建議建立一支獨立的戰車部隊，由一名軍官負責指揮，並直接向潘興報告。

　　於是「美國遠征軍」在 9 月時也決定組建自己的「裝甲部隊」（初步規劃為 25 個戰車營，其中包括 5 個是重型戰車營）；規劃案由勒羅伊・埃爾廷格（LeRoy Eltinge）中校負責。在他向陸軍部所呈的報告中，宣稱新的戰車部隊將需要 600 輛重型戰車和 1,200 輛「雷諾」輕型戰車，並由近 1.5 萬名官兵組成，以操作、修理、倉儲、運輸以及執行相關作業。

　　到了 12 月的時候，也就是美國對德國宣戰的 8 個月後，潘興將軍任命了騎兵上校：塞繆爾・羅肯巴赫（Samuel Dickerson Rockenbach）出任新成立的裝甲部隊指揮官一職，全權負責組織、訓練、裝備和部署美國的裝甲部隊在歐陸參

戰。對於戰車這一款新型的武器而言，別說當時的美國毫無
頭緒，甚至連英國、法國人也都還在摸索當中，因此也有不
同運用構想的學派產生。例如：法國人比較偏向輕型戰車，
能夠快速突破敵陣，如同騎兵的角色一樣衝鋒陷陣；而英國
人則偏好重型戰車，在步兵的引導下粉碎敵陣，輾壓敵人。
美國對於裝甲部隊的發展路徑，在當時根本還混沌不明！不
過這一個部門從最初的只有 3 個人，迅速發展成為一支龐大
的作戰部隊倒是不爭的事實。

　　於此同時，巴頓也潛心致力於研究有關於戰車的知識，
包括設計、操作及解決方法，原本他將派任步兵營營長一職，

+ 圖 1-12：塞繆爾・羅肯巴赫將軍負責「美國遠征軍」裝甲部隊最初的組建工程，也被稱為是「美國裝甲兵之父」。（Photo/U.S. National Archives and Records Administration）

+ 圖 1-13：在美國本土也陸續開設了四座負責培訓裝甲部隊的營區，由榮譽勳章得主的艾拉・克林頓・韋爾伯恩上校負責組訓。（Photo/US Army）

在得知有一個新職務可能為美國陸軍未來建立一支戰車部隊時，他便毅然決然地接受了這一項新派令。首先他先在奧魯伊（Orrouy）的法軍戰車學校受訓，學習如何駕駛「雷諾」FT 輕型戰車；隨後在「康布雷戰役」（Battle of Cambrai）中觀摩英軍如何首次大規模地運用戰車。之後他前往位於法國東北部的朗格勒（Langres），在那裏成立了第一所專門用於訓練裝甲兵的學校。不過他立即面臨到一個主要問題～就是他手上沒有任何戰車可以用來訓練他的裝甲兵！直到 1918 年 2 月，法國才借給美國 22 輛戰車作為教學使用，而巴頓在接收第一批戰車時，還得親自把每一輛戰車從火車站下鐵皮並開回學校，因為校內沒有人知道如何去操作戰車，此舉也成為美談之一！

在使用「雷諾」FT 輕型戰車訓練的過程中，巴頓也發現因為車內的引擎噪音太大，車長與駕駛根本無法依賴口語進行溝通，儘管已經喊到聲嘶力竭也是一樣。後來只好開發出一種獨特的「肢體溝通方式」，還好這 FT 輕型戰車的車艙設計只能容納 2 人，而且是採用前後的席位配置，讓這種「腳踢」的指揮模式能順利發揮作用；只是苦了駕駛手啊！

而在建立輕型戰車學校的同時，羅肯巴赫也考慮建立一所類似的重型戰車學校；因此他在 1918 年 2 月聯繫了陸軍部這一項計畫並開始招募人員。美國本土為了回應遠征軍的這

+ 圖 1-14：巴頓堪稱是美軍裝甲部隊元老級的人物，他在 1917
年接受法國「雷諾」FT 戰車的操作訓練，後來擔任「美國遠征軍」
裝甲部隊學校的種子教官。（Photo/Library of Congress）

+ 圖 1-15：「美國遠征軍」在法國朗格勒成立的戰車學校，最初
的幾個月根本沒有戰車可以用來訓練，在巴頓的指導下還得用
簡易的「假戰車」進行訓練。（Photo/National Archives）

一項需求，決定將位於馬里蘭州「米德堡」（Fort Meade）
的第 65 工兵團改分配，成為新組建的第 1 戰車營（後來改為
第 41 戰車營，最終為第 301 戰車營）派赴英格蘭接受英國
重型戰車的訓練，學習戰車操作、維保、訊號發送和演習。
在這一批派訓到英國學習的部隊裡頭，其中有另一位重要的
軍事人物，便是日後二戰時期的歐洲戰區總司令與後來的美
國總統艾森豪（Dwight David Eisenhower）。

+ 圖 1-16：「柯爾特」營區是美國本土的第一間戰車訓練學校，當時由艾森豪負
責培訓與管理。（Photo/National Park Service）

　　而在美國本土，儘管研製戰車的進展似乎沒有那麼順利，但是陸軍首先在「柯爾特營」（Camp Colt）成立戰車部隊的培訓學校，並指派了艾森豪從事對戰車兵的訓練與管理。陸軍後來分別在賓州的「薩默拉爾營區」（Camp Summerall）、「托比漢納營區」（Camp Tobyhanna）以及北卡羅來納州的「格林營區」（Camp Greene）、「波爾克營區」（Camp Polk）建立了四個較小規模的戰車兵訓練基地。這裡必須強調的是，美國初創裝甲兵團時有兩個不同的分支：美國本土的戰車部隊是由艾拉・克林頓・韋爾伯恩（Ira Clinton Welborn）所領導與訓練；另一個「美國遠征軍」的

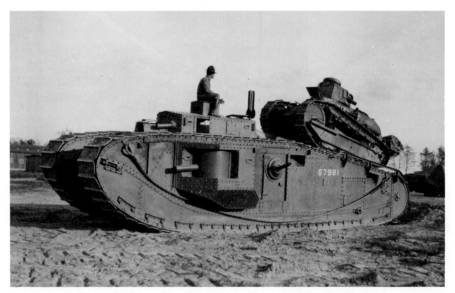

＋ 圖 1-17：美軍輕型（M1917）與「自由」（Liberty）重型戰車的噸位差距，在這一張照片中可以一目了然。（Photo/US Army）

戰車部隊，才是由羅肯巴赫所指揮，這兩者並沒有任何的指揮管制關係。

　　美軍在最初的戰車部隊編組架構上，也因輕型、重型戰車營而有所不同。輕型戰車營是仿法國的編制，由一個營部連（9輛備用戰車）和三個輕型戰車連（三個五車制的戰車排）所組成；而重型戰車營則是按照英國的編裝套用，由一個營部連（8輛備用戰車）和三個重型戰車連組成，每個連有16輛戰車（四個四車制的戰車排）。此外，營部連還會有一輛通信戰車作為指揮用途，而會有備用戰車的考量，主要是因為當時機械的可靠度還不穩定，一方面也預判戰耗的補充，一線營可以先行向前線替換。

　　由於美國在戰車的開發工程上進展緩慢，因此部隊只能使用英國和法國所提供的戰車從事訓練與作戰；即便是像法國的「雷諾」FT戰車授權給美國生產，這樣看似簡單的事情，後來也被證明是昂貴且無力趕上戰爭進度的模式；因為交付日期得延宕至1918年9月。迫於現狀，法國只好同意先出借144輛的FT戰車，以裝備美軍的兩個戰車營。但這並不表示美國就沒有心要自行研製戰車，只是計畫趕不上變化，讓這些執行中的研製案成果，無法在戰爭結束前及時給端上檯面，這其中主要的產品包括：「福特」（Ford）的3T輕型戰車、「馬克Ⅷ型」（Mark Ⅷ）和「骷髏戰車」（Skeleton Tank）。

◆「福特」3T 輕型戰車

汽車工廠通常也會是軍工產品的研發地，英國、法國如此，美國的「福特」汽車公司靠著暢銷的「T 型車」（Model T）[6]，讓美國自此成為了「車輪的國度」，自然也不例外。美國希望除了在戰鬥中使用「雷諾」FT 戰車以外的另一款戰車，於是同行的「福特」汽車公司便成為救命稻草，因為他們的生產線非常適合大規模生產戰爭車輛，除了乘用車外，於是他們也開始嘗試研製自己的小型戰車，也就是 3 噸（3T）的「特種拖拉機」，後來被稱為 M. 1918 輕型戰車；它後來甚至還比美國授權生產製造的法國 FT 型戰車（美國稱為 M.1917）還要早問世。

「福特」3 噸戰車是一款兩人戰車，其設計概念是以 FT 戰車為基礎，因此在設計上採用相同的構型、履帶行走模式，但具有更寬的車體，外型非常簡單、更輕巧可靠，重點是要更便宜、更適合快速生產，該設計作業從 1917 年中期便展開。「福特」3 噸戰車安裝有兩台自身的 T 型發動機（總輸出馬力 90 匹），駕駛員坐在前排，射手在旁操作一挺 .30

6　「T 型車」是歷史上銷量最高的汽車，從問世到停產共計銷量超過 1500 萬輛，這一項紀錄直到 1972 年才被「福斯」（Volkswagen）的金龜車（Beetle）超越。

口徑的機槍（備彈 550 發彈藥），車前設有大型的前向式艙
口使乘員的工作變得輕鬆，越野的機動性能還不差。該型車

+ 圖 1-18：「福特」的 3 噸戰車可是當時被車廠視爲發大財的產品，
結果卻不如預期。（Photo/ 黃竣民攝）

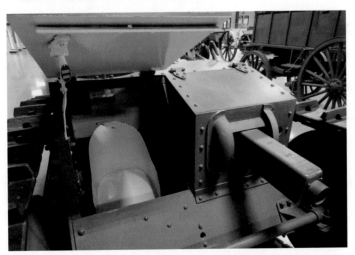

+ 圖 1-19：車前大型前向式艙口的特寫，是爲駕駛員的席位，射手
則在旁操作一挺 .30 口徑的機槍。（Photo/ 黃竣民攝）

最初生產了 15 輛；其中一輛被運往法國進行測試；如果合乎測評標準，軍方將會下訂 1.5 萬輛。

可惜「福特」的 3 噸戰車在法國的一連串測試中低於預期，最終由於性能未符合需求，因此 1.5 萬輛的訂單也告吹。因為它只配備一挺機槍不僅火力不足，連裝甲防護力也很貧弱，雖然可以依靠蘑菇狀的觀測窗來獲取視野，但缺乏真正的 360° 的旋轉砲塔造成射界受限，車艙內也沒有隔間分隔，在狹窄的內部空間中很快就變得臭氣熏天、悶熱難耐，整體的性能表現根本不如雷諾的 FT 戰車。評估的結果顯示，「福特」的 3 噸戰車沒有發揮多大身為一輛戰車該有的價值，反而適合去當作廉價、輕型、全地形的火砲牽引車；尤其適合去拖曳被稱為是「75 小姐」的法製 M1897 式 75mm 野戰砲。雖然法國也向福特訂購了一千五百輛的 3 噸戰車準備當火砲牽引車，但是後來停戰協定的簽訂，因此訂單也被取消了。「福特」公司幻想著在未來每天交付 100 輛戰車的美夢徹底破碎，任何想靠研製戰車大發橫財的念頭也就此打住。

目前已知僅存的兩輛 3 噸戰車；其中一件位於喬治亞州「摩爾堡」（Fort Moore）的「美國陸軍裝甲與騎兵收藏館」（U.S. Army Armor & Cavalry Collection）；另一輛存放於維吉尼亞州「格雷格 - 亞當斯堡」（Fort Gregg-Adams）的美國陸軍「兵工訓練輔助機構」（Ordnance Training

Support Facility）。[7]

◆「馬克Ⅷ型」重型戰車

　　另一款「馬克Ⅷ型」重型戰車的背後則有英、美聯合研製的影子。因為開戰初期，法國東部的洛林工業區已經被佔領，當時的工業資源已達到極限；而英國由於巨額債務、徵兵造成勞動力短缺、鋼材轉用於海軍造船⋯，所以苦撐近 3 年之後，美國一參戰的消息傳來，英國便計劃派遣代表團前往美國，說服他們共同研製生產下一代的戰車型號。美國後來也想組建 5 個重型戰車營，在共同利益的前提下，英、法、美國共同制定了一項協議，規定零部件將分別在英國和美國生產，最後運至法國新建的工廠中進行總組裝，因此這一個聯合研製「馬克Ⅷ型」重型戰車的項目初期被稱為「國際」（International）式戰車。

　　「馬克Ⅷ型」戰車具有英式戰車菱形的外觀，但車身長度與高度都更放大，火力除了分別在左、右車側各安裝一門

7　因為內戰期間的個人命名已衍生成公眾利益的問題，近年來美軍基地經過一系列的更名，此舉與德國聯邦國防軍（Bundeswehr）有異曲同工之處。「班寧堡」（Fort Benning）現已更名為「摩爾堡」、「李堡」（Fort Lee）現已更名為「格雷格 - 亞當斯堡」。

6 磅砲（57mm）外（備彈 208 發），還有 7 挺機槍安裝在不同的部位（備彈 13,848 發）形成強大的火力網；光是編制的車組成員就有 12 名。長度超過 10 公尺、高度超過 3.5 公尺的體型，雖然越壕能力超過驚人的 5 公尺，但敏捷性問題卻也暴露無遺；因為它已經是當時歷史上第二大的作戰戰車，僅次於法國的「Char 2C」超重型戰車。這樣的車艙空間布局考量，當初的設計計畫是為了攻擊德國的新式反戰車壕和「興登堡防線」（Hindenburg line）所用，主要是給隨車步兵所需的空間，如有必要它可攜帶 20 名武裝步兵充當裝甲運兵車（APC）使用，堪稱是以色列「梅卡瓦」（Merkava）戰車概念的祖宗！

儘管盟軍希望在 1919 年發起計畫性的進攻中，要運用大量的「馬克Ⅷ型」戰車來突破德軍防禦陣地，但實際上它的生產速度很慢，一直到 1918 年 11 月歐戰結束之前，只有少量的「馬克Ⅷ型」重戰車被推下生產線，因此也沒有機會看到它在戰場上衝鋒的姿態。戰後（1919 - 1920 年），美國在「岩島兵工廠」（Rock Island Arsenal）生產了 100 輛該型戰車，統一裝配給第 67 步兵團。[8] 由於搭載美國自製的「自由」（Liberty）V-12 水冷式航空發動機取代英國「里卡多」

---

8 在 1920 年代時，根據美國陸軍的組織編裝，所有戰車都必須隸屬於步兵部隊。

（Ricardo）公司的產品，因此後來美國人也改稱其為「自由」式戰車。

　　英國＋美國總產量 125 輛的「馬克Ⅷ型」戰車，在戰後有著不同的命運，英國的不僅從未裝備給部隊使用，而且基本上已經報廢完畢，只剩一輛保存在博物館內。美國則一直讓它服役到 1930 年代，由於被步兵團使用，因此進行過修改以減少車組成員數，在 1942 年 M6 重型戰車到來之前，該車款是美國服役的唯一重型戰車，後來也僅剩下 2 輛被保存下來。

+ 圖 1-20：長度超過 10 公尺的「馬克Ⅷ型」重型戰車，堪稱是裝甲人員運輸車的始祖，與以色列「梅卡瓦」戰車有異曲同工之妙。（Photo/ 黃竣民攝）

◆「骷髏戰車」

另一款美國人所研製、造型詭異的特殊戰車，外觀看起來似乎裸空，就只有剩下骨架一般，也就是俗稱的「骷髏戰車」（Skeleton Tank），或是「蜘蛛戰車」（Spider Tank）。當初由明尼蘇達州威諾納（Winona）的「先鋒拖拉機公司」（Pioneer Tractor Company）以 1 萬 5 千美元預算（2022 年折合約 27 萬美元），負責打造出實驗用的原型戰車，而設計的著眼點是這一款輕型戰車必須能夠穿越寬闊的戰壕。在埃德溫・M・惠洛克（Edwin M. Wheelock）的設計指導下，該車大膽地與全封閉底盤的英國戰車不同，「骷髏戰車」則是採用標準管道連接的普通鐵管，進而形成骨架狀的框架支撐其履帶，從而實現菱形狀的外觀。而懸掛在這些履帶架之間的是一個裝有機槍砲塔的裝甲戰鬥艙，發動機也裝在這個裝甲保護箱中。

「骷髏戰車」僅由 2 名人員操作（駕駛、射手），他們在一個有 13mm 厚鋼板防護的矩形箱體內各司其職，圓柱形砲塔上安裝有一挺 .30 口徑的機槍。由於幾乎中空的車身設計可大幅減輕車體重量，而且在面對敵軍火力的射擊時，子彈多半會無害地穿過車體結構以外的空隙，車體又可保持越壕的能力，弱點是中央的方形戰鬥艙空間有限，侷限住武器的攜帶能力。在動力的部分搭載兩部水冷式的「海狸」

+ 圖 1-21：外型獨特的「骷髏戰車」組裝容易，越壕能力測試的結果不差，可惜戰爭太早結束而沒有一顯身手的機會。（Photo/U.S. Army Ordnance Training and Heritage Center）

+ 圖 1-22：收藏於「格雷格 - 亞當斯堡」內美國陸軍「兵工訓練輔助機構」的唯一一輛「骷髏戰車」，後視圖中可見兩履帶之間的方型盒子即是差速器的裝置。（Photo/ 黃竣民攝）

（Beaver）四缸發動機，變速箱設在後方獨立的方形盒內，有兩個前進檔和一個後退檔，總輸出馬力 100 匹（推重比為 11 匹馬力／噸相當令人滿意，比起英國的「馬克 V」型戰車強上一倍有餘），使其越野速度可達 8 公里／時。該車的長度超過 7.5 公尺、高度近 3 公尺、重量約 9 噸。雖然 1918 年年中在馬里蘭州「亞伯丁測試場」（Aberdeen Proving Ground）進行了測試時，「骷髏戰車」的性能符合了大家的期望，也為該公司獲得了上千輛的訂單。

　　然而隨著第一次世界大戰在幾個月後宣告結束，這一堆訂單又成為泡影，再優異的跨越戰壕能力突然間也不再被軍方考慮，因此這一款奇怪但有趣的戰車也就失去了進一步發展的必要。不過在慶祝勝利的遊行活動時，它也曾經出現在明尼蘇達州威諾納街道上的遊行隊列中。而目前這唯一一輛的原型車已成為絕響，只能躺進博物館內供人緬懷，以免消失在軍史的長河中。

　　美國強大的工業能力，當然不會只有「福特」的 3T 輕型戰車、「馬克Ⅷ型」和「骷髏戰車」在研製試驗，其它的諸如：「蒸氣戰車」（Steam Tank）、「霍爾特」三輪蒸汽戰車…等原型車也在遍地開花，只是這些都是歷史上的過眼雲煙，無法修成正果，甚至在戰車的沿革史上鮮少被提及，能留下來的資訊也就更稀少了。

◆ M1917 型 6 噸輕型戰車

　　美國加大力度在研製本身的戰車，雖然收效甚微，卻也得回過頭來向盟國訂購戰車，以迅速補充在法國的遠征軍所需。而採購盟國戰車的首選車款便聚焦在法國「雷諾」的 FT 輕型戰車上。雖然它有越壕能力不足的缺陷，但美軍觀察到它易於大批量產，並且不需要非常強力的發動機。於是美國在 1918 至 1919 年間最初向法國採購 1,200 輛，後來需求增加到 4,400 輛的 M1917 型戰車，其實就是獲得法國授權生產的 FT 輕型戰車美規版，美軍內部的計畫項目更將其稱為「六噸特種拖拉機」。

　　雖然當時為了戰勝考量，法國慷慨地將一些「雷諾」FT 戰車的樣品、設計圖和各種零件運往美國交由軍械部進行研究，不過該項目馬上遭遇到窒礙，因為法國的規格是採用公制計算，與美國機械的英制不相容；而軍事部門、供應商和製造商之間的協調性很差，官僚惰性、缺乏合作，甚至是廠商之間的利益糾葛，都嚴重妨礙到該車的量產作業，導致原訂預期能在 1918 年 4 月前交付首批 300 輛 M1917 輕型戰車的計畫告吹，甚至到了 6 月整個生產作業都尚未開始。這樣的窘狀，還迫使美國從法國直接購買了 144 輛「雷諾」FT 輕型戰車應急。

+ 圖 1-23：獲得法國授權生產的 M1917 輕型戰車，可算是第一款
美國正式量產的戰車型號，其實幾乎就是「雷諾」FT 戰車的複製品。
（Photo/ 黃竣民攝）

+ 圖 1-24：陳列在「美國陸軍博物館」（National Museum of the
United States Army）內的 M1917 輕型戰車，當時隸屬於第 344
戰車營，參與了「聖 - 米耶勒戰役」，任務是支援第 1 步兵師作戰。
該車遭敵火射擊各式槍彈超過 1,300 發，造成車內乘員 1 死 2 傷。
（Photo/ 黃竣民攝）

　　隨著英、法兩國的戰車大軍逐漸挑大樑，在西線廣大的戰線上，被當作是撕開德軍戰壕防線的重要利器，尤其是當它們被大量集中使用於突破塹壕戰的僵持時，德意志帝國陸軍驍勇善戰已逐漸成為過往的印象。隨著1918年8月8日「亞眠戰役」（Battle of Amiens）的拉開序幕，德意志帝國的埃里希・魯登道夫（Erich Ludendorff）將軍說出了「德國軍隊的黑色日」（Schwarzer Tag des deutschen Heeres）這一句心裡話，明確地意識到德意志帝國即將輸掉戰爭。但是不可諱言，光靠兵疲馬憊的英、法國軍隊是無力如此快速終結掉這一場大規模的戰爭，美國參戰後所提供的戰爭資源，才是壓垮德軍的最後稻草，也才撐起了協約國在第一次世界大戰勝利的大旗。

　　「美國遠征軍」一直到了1918年9月中旬發動的「聖-米耶勒戰役」（Battle of Saint-Mihiel），才算是自己主導的作戰行動，在這之前的部署都只能算是人家的配菜，甚至只是打雜的程度。在這一次的作戰行動中，創下許多值得在軍史上留下紀錄的篇章，因為後來大家熟悉的D-Day和H-Hour這兩個術語，就是首次在作戰中使用。部隊的趨前指揮模式也得到進一步的體現，空中力量配合的協同作戰有了更佳的演繹…由美軍策畫的這一場攻勢，兵力上有著3.5倍的優勢，飛機與戰車的數量更是完全碾壓著疲困的德軍；儘管他們事

先掌握到相關的情報，卻也無力在事前做出反應，只能無奈地在戰壕中窩著等挨揍。

「聖-米耶勒戰役」之所以對美軍戰史如此重要，主要就是由巴頓在朗格勒一手培訓的兩支戰車營，也就是先前向法國採購的那批為數 144 輛的「雷諾」FT 輕型戰車，所編成的第 344、345 戰車營直接參與了戰鬥。不過由於天氣條件不佳，連日的風雨交加造成一些機動路線上的道路泥濘不堪，淹水幾乎深及膝部，讓美軍的戰車和步兵寸步難行，有許多戰車還因為陷入泥流導致引擎損壞，故障率直接影響作戰的表現，但具體的戰果還是可以交代得過去；主要還是因為德軍主動放棄陣地。在行動之前，巴頓曾訓勉手下說道：「…無論如何，請記住你是美國第一批裝甲兵，你必須證明美國戰車不會投降！」

不過美國坦克部隊的這一群「麵團男孩」[9] 開始在戰場上露臉，也為他們寫下初登板的戰史新頁。

在隔幾天後，盟軍於第一次世界大戰所發動的最後攻勢，也是被稱為「默茲-阿貢攻勢」（Meuse–Argonne offensive）的行動，更在美國軍事史上創下新的規模紀錄。本次攻勢動用了 120 萬名盟軍士兵，在開戰的前三個小時，

9　「麵團男孩」（Doughboy）是第一次世界大戰期間對「美國遠征軍」的通用綽號。

砲兵砲擊德軍陣地所消耗掉的彈藥，比美國內戰四年內雙方所能發射的彈藥還要多。而這也是美國陸軍史上傷亡最慘重的戰役，歷經1個半月的激烈戰鬥美軍付出超過35萬人傷亡的代價，終於也看到停戰的到來。但交戰部隊的損耗率高得嚇人，當「默茲 - 阿貢戰役」結束時，「美國遠征軍」的戰車部隊只剩下50輛可用了。

　在戰爭的最後六週，雖然美國遠征軍得到了英國、法國的戰車支援，例如在戰爭結束前，一支配備英製的「馬克V」（Mark V）重型戰車營，與美國第27、30步兵師一起作戰。但事實也證明，美國重型戰車的首次亮相，它們在戰場上的表現並不如輕型戰車好。參加戰鬥的四十輛戰車當中，只剩下一輛在首日激烈的戰鬥結束仍然妥善；而德國砲兵對反戰車作戰也發揮出高檔的水準，摧毀了40輛中的16輛重型戰車。戰車部隊的衝鋒精神經常領先步兵，讓步兵幾乎忘了他們自己也擁有火力，反而只巴望戰車在前能消滅德軍的抵抗。戰車部隊的官兵奮戰不懈的精神雖然引領美軍作戰的成功，卻是以高昂的代價換來的。根據戰報顯示，美軍第1戰車旅（由第344和第345輕型戰車營組成），在激烈的「默茲 - 阿貢戰役」中，有53%的軍官和25%的士兵傷亡；而巴頓也是傷兵名單的其中之一。

✛ 圖 1-25：除了操作「雷諾」FT 輕型戰車外，在終戰之前的「美國遠征軍」也增加了一個
裝備英國「馬克 V」型重戰車的營。（Photo/ 黃竣民攝）

　　1918 年 11 月 11 日，德國停戰的消息突然傳來而結束
了「默茲 - 阿貢戰役」的激烈戰鬥，但美國本土的工廠在秋
天才開始生產 M1917 型六噸輕型戰車，第一批成品的車輛於
10 月才下生產線，到戰爭結束時僅完成了 64 輛而已。而首
批 3 輛裝船前運至法國時已經是德國停戰九天之後的事了（11
月 20 日），另外 8 輛甚至在 12 月才抵達，基本上完全派不
上用場。更慘的是出於財政的考量，美國坦克軍團於 1920 年
6 月解編，這一批輕型戰車被配發給不同的步兵團使用。不
過由於意外事故、火災和機械故障，戰車的妥善率明顯下降，

造成可操作的數量開始減少，於是一些戰車被拆解為其他戰車提供拼修的備用零件，一些則被報廢，而另一些則只能被封存在倉庫中。

不過 M1917 輕型戰車可以說是第一款跟中國頗有淵源的戰車，當 1927 年中國還在北伐期間，共產黨領導的群眾反帝國主義運動聲勢浩大，政局動盪不安與各方軍閥勢力混戰，而讓各國在華領事館和租借都陷入危急時刻，於是美國擴大派遣「海軍陸戰隊遠征旅」（Marine Expeditionary Brigade, MEB）到中國，以保護中國境內各方排外主義勢力的侵害；而 M1917 輕型戰車便是其中部署在華的主要軍備。雖然在文獻中還沒有看到有 M1917 輕型戰車投入真正戰鬥的紀錄，但當時美國在華部署的軍隊規模卻是所有列強中最多的，光是當時駐紮在北京的美國公使館警衛部隊就有 17 名軍官和 499 名海軍陸戰隊員。這一批部隊大大避免了雙方的衝突，當局勢穩定下來且仇外騷亂的威脅也消退，1929 年 1 月美國海軍陸戰隊第 3 旅才從天津撤出，結束這一段為期將近 2 年的安保任務。

雖然這一款 M1917 型六噸輕型戰車要殺敵的時運不濟，但是卻在對付美國自己人時展現出鎮壓的威力，包括 1922 年肯塔基州的國民兵部隊運用 M1917 輕型戰車在禁酒令期間大殺四方，官方邀請媒體拍攝戰車輾過遭到扣押的各種酒品

生產設備，摧毀了非法生產酒精的蒸餾器，成為反私酒的極佳宣傳戰。而在 1932 年 7 月 28 日首都的武裝驅離行動中，警衛部隊能迅速鎮壓住示威者，M1917 戰車應該算是居功厥偉。在 1934 年舊金山大罷工期間，州長更是下令將加州國民兵的 M1917 輕型戰車直接開上街道，對罷工群眾發揮出不少威嚇作用，因為它們的消音器被拆除，更能增加心理恐懼的效果。

+ 圖 1-26：剛從俄亥俄州「范多恩鋼鐵廠」（Van Dorn Iron Works）開下生產線的 M1917 型六噸輕型戰車，已經無緣參戰。（Photo/US National Archives）

　　除了巴頓以外，美國另一位裝甲兵先驅：艾森豪的命運
卻截然不同，巴頓有機會在一戰終戰之前的半年率領戰車在
戰場上衝殺，而艾森豪因為德裔出身的背景，提出赴法對德
參戰的申請卻反而遭到拒絕，他在英國完成重型戰車的相關
訓練後，奉命回到蓋茲堡（Gettysburg）的「柯爾特營區」
擔任培訓裝甲部隊任務的指揮官。雖然後來該部隊有接獲命
令即將進行海外部署到法國去，讓他鬱悶已久無法參戰的心

+ 圖 1-27 ： 1927 年 4 月 M1917 輕型戰車作為美國「海軍陸戰隊遠征旅」來華部署的一
部分，在保護美國領事館和僑民上發揮出震攝功用。（Photo/US National Armor
and Cavalry Museum）

情好不容易振作起來，不過老天也只是跟他再開了一次玩笑，因為正當部隊忙碌於裝載前運的作業時，就在出發命令的前一周傳來了德意志帝國簽署停戰協議的消息，再次讓他的參戰願望落空。

綜觀第一次世界大戰與過去的所有戰爭在許多方面其實都相似，都大量使用了騎兵馬匹和馱畜，但是這樣的時代即將改變了！因為這一次的戰爭是美國軍隊大量使用馬匹和騾子的最後一次重大衝突，在這之後馬（騎兵）與車（裝甲兵）的天秤就開始發生傾斜。統計在戰爭期間，單單是英國就向法國運送了 525 萬噸的彈藥，但卻同樣也運送了 543 萬噸的草料，以供養這些在法國戰場上的馬和騾子，其中超過 6.8 萬匹在戰爭中喪生。再舉「凡爾登戰役」為例，法國貝當（Pétain）將軍麾下就維持一支 50 萬人和 17 萬頭牲畜規模的部隊，而每匹馬每天就需要 40 磅的飼料和 8 加侖的水。而這麼大量的後勤補給卻又得透過卡車運輸，讓機動車輛的光芒已經可以蓋過牲畜了。

而騎兵軍官也察覺到，用飛機能以更低廉的成本去偵察更廣闊的區域、摩托車和汽車可作為通信傳遞或指揮官的機動指揮所、砲兵試驗了將火砲安裝在輪型卡車或履帶式拖拉機上以提高機動性…有遠見的軍官們知道機動車輛將在未來的戰爭中扮演越來越重要的角色，所以開始研究這種裝甲載

具可能會擴大到什麼樣的程度。因此，在第一次世界大戰以後，將內燃機整合到武裝部隊的裝備中，使之成為一支「機械化」部隊的概念，也正逐漸成為潮流所趨。

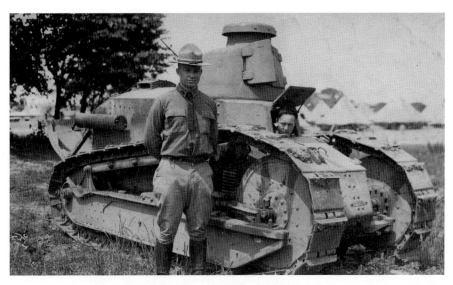

+ 圖 1-28：艾森豪也是早期美國裝甲部隊發展奠基的關鍵人物之一，在「柯爾特營區」擔任培訓裝甲部隊的任務，只是他的軍旅發展路線與巴頓就大不相同了。（Photo/ Eisenhower Presidential Library）

第二章

從停滯到二戰擔當重任
（1919-1945 年）

　　儘管「戰車」在第一次世界大戰的末期證明了它的價值，更間接成為盟軍擊垮德意志帝國的利器，但是戰爭結束之後終將回復平淡，當戰後談判的作業陸續完成後，美國軍隊的實力也正進入新一輪的人力精簡工程。美國裝甲兵團的規模由戰時的 1,235 名軍官和 18,977 名士官兵組成，但到了 1919 年 3 月時，奉命減少至 300 名軍官和 5,000 名士兵。更慘的是在四個月後，國會發布命令將裝甲部隊的員額限制在軍官不得超過 154 名，其他各級軍銜不得超過 2,508 人的規模，而當時的現況是遠低於此，讓裝甲部隊瞬間成為有一種「末日單位」的感慨。

　　人員如此，裝備也好不到哪裡去！原本的戰車訂單幾乎

＋ 圖 2-1：隨著世界大戰的落幕，連美國本土成立的第一所戰車學校，「柯爾特營區」也於 1919 年 3 月正式關閉。 （Photo/US Army）

全數遭到取消，也是民主兵工廠另一個哀號的痛處，軍工產業的訂單突然呈現跳崖似的垂直下降。由於停戰協定簽訂後，軍方幾乎取消了終戰前所有的軍備採購項目和訂單，只完成了最有前途和最先進的項目：大約 900 輛 6 噸級 M1917 輕型戰車交付至 1920 年，以及 100 輛「馬克VIII」重型戰車（改隸於第 67 步兵團指揮）。不只是美國本身，連英國也是一樣，原本 1917 年年中時看重機械化運輸的出色越野性能，而且兼具顯著的經濟效益，因此決定採購一萬輛美國的拖拉機，以支援計劃中於 1919 年要發動攻勢前的補給運輸任務。但僅在接收少數的車輛之後，戰爭就宣告結束了，後續的訂單也就面臨終止的命運。

在 1919 年的夏天，美國陸軍為了測評當時可用的軍用車輛性能，檢驗各家車廠的產品做為採購參考，支持建設國防所需的交通道路，鼓勵時下青年入伍參加陸軍的機械訓練學校，為開發機動運輸概念的新產品收集寶貴的數據和經驗，於是組織了一支包含 72 輛各式軍車（包括一輛「雷諾」輕型戰車）和約 280 名官士兵的大陸遠征車隊，名為「機動運輸車隊」（1919 Motor Transport Corps convoy），浩浩蕩蕩地從白宮南草坪為出發點。車隊歷經兩個月（1919 年 7 月 7 日至 9 月 6 日）行經 3,251 哩（4,800 公里）的路程後，在舊金山畫下此行的句點，此壯舉著實不容易，因為當時的美國

有 88% 左右的鄉村道路是沒鋪設過的路面，車隊主要都是行駛在泥土和礫石的路面上，對各家汽車、卡車、機車、輪胎的製造商產品而言，都是最嚴苛的考驗。艾森豪在此行是 15 名戰爭部派來的參謀觀察官之一，目睹了車隊機動的過程，對他未來出任美國總統的施政上也影響甚鉅。

1920 年，巴頓和艾森豪都調回到「米德堡」分別擔任第 304、305 戰車旅的指揮職，雖然他們性格截然不同，但他們對於武器專業有著共同的興趣，彼此的友誼就在那一段時期建立。在第一、二次世界大戰之間的年代裡，儘管國防預算有限，而當時的步兵也比較受到重視，他們仍默默地發表戰車相關的戰術論點，致力於推動裝甲戰的更多發展，直至 1940 年美國才開始大力發展其裝甲部隊，實在又慢了半拍。

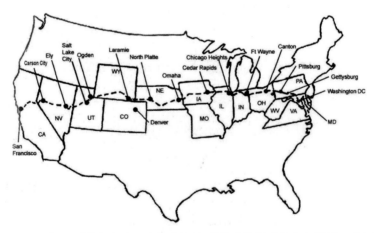

＋ 圖 2-2：號稱是「林肯高速公路機動演習」的機動運輸車隊行經路線示意圖。
（Photo/ Brookline Connection）

+ 圖 2-3：機動運輸車隊行經路線上的破壞與修繕，導致車隊平均每日行駛 10.24 小時、
速率約 9.1 公里 / 時。（Photo/National Archives）

+ 圖 2-4：一戰後有許多裝甲部隊被解編，「米德堡」則接替了訓練僅存少數裝甲部隊的
任務。（Photo/US Army）

　　不僅如此，裝甲兵的存在也開始受到質疑，這樣的質疑並非在如何運用戰車上，而是認為裝甲兵是否有獨立存在的兵科價值。這種辯論的結果很殘酷，陸軍部委員會討論後的決議，是將裝甲兵應接受步兵兵監的全面監督，不應構成一個獨立的兵種。雖然潘興已於 1919 年 9 月晉升為史無前例的特級上將，但他也同意該委員會的結論，讓戰車成為步兵的支援武器。儘管羅肯巴赫、巴頓和艾森豪等人均提出抗議，但也無助於改變這樣的結果。隨著《1920 年國防法》（National Defense Act 1920）的通過，裝甲兵於 1920 年 6 月 2 日在陸軍中失去了獨立兵種的地位；而且自 1922 年起，規定所有的戰車都必須隸屬於步兵部隊指揮；只有 2 個重型戰車營和 4 個輕型戰車營躲過這一波解編和大裁撤的命運。

　　以當時的學說而言，戰車的存在只是為了協助步兵前進，輕型戰車的任務是隨伴步兵並摧毀敵人的機槍或據點、中型戰車推進解決敵人的火砲陣地。[1] 如果像巴頓或艾森豪這類軍官提出或堅持與此一主流學說相反的觀點，恐怕會面臨職業生涯到此為止、甚至鬧上軍事法庭的下場，因此這一反對派的聲音旋即趨於沉默了。新頒的《國防法》以重組美國陸軍，並分散設備、武器、補給品和車輛的採購流程，但法

1　輕型戰車的定義為重量不超過 5 噸（可由卡車運輸），中型戰車的重量不超過 15 噸，以滿足橋樑重量的限制。

案為步兵、野戰砲兵、騎兵、海岸砲兵以及新的航空兵和化學兵等兵科設立了兵監部門的負責人，但裝甲兵反而成為被大幅降編的弱勢對象，自此淪為陸戰的附屬角色。

雖然戰車在美國當時算很弱勢，之後的基地又被遷來併去幾次，搞得連軍官也認為如果再繼續待在這種單位軍旅前程幾乎黯淡，所以也紛紛出走；巴頓便是其中之一，他打報告重新回到騎兵部隊服務，但對於戰車這玩意依舊興趣不減。整體的大環境對於裝甲部隊的發展雖然不友善，但是戰車的作戰潛力卻不容忽視或被抹殺。與其說美國人是因為對戰車缺乏信心，倒不如說是因為經費的問題，畢竟在當時要維持一支穩定度不高的機械化部隊，需要很高的維持成本，而它們在承平時期很難有機會展現出比馬匹更高的情感與效益。因此在整個 1920 年代，美國國內很少人願意在戰車的議題上繼續打轉，畢竟它不是當時的顯學，甚至很冷門。

在 1927 年的年底，國會才批准了成立第一支「試驗性機械化部隊」（Experimental Motorized Force, EMF），以做為測試一支混編的機械化部隊在機動時的自持能力，這還得拜當時的戰爭部長德懷特·戴維斯（Dwight F. Davis）去英國，觀摩了人家的「試驗性裝甲部隊」（Experimental Armoured Force）後才有的啟發。回來後在「米德堡」搞一個類似的試驗部隊；這一支部隊包含了步兵、戰車、騎兵、砲兵、工兵、

通信、化學、軍醫、航空兵、兵工等單位於 1928 年組成，光是集結到位就花掉快 2 個月的時間。但這一個從單一兵種向聯合兵種組合的思想跨越，卻代表著現代化裝甲部隊的真正開始，這在官方正式成立裝甲師（1940 年）之前早了 12 年。

在 1928 年的編裝試驗中，的確也取得了有價值的經驗，這些試驗的結果讓「戰爭部的機械化委員會」（War Department Mechanization Board）提出了建議，要永久建立一支「機械化部隊」。儘管如此，隔年的相關試驗項目卻無以為繼，原因還是缺乏資金和裝備老舊。雖然演習的項目無法繼續，但是 1930 年由陸軍組建的實驗性「機械化部隊」，幸運地在的維吉尼亞州「尤斯蒂斯堡」（Fort Eustis）成立。該部隊是當時陸軍部隊唯一擁有現今裝甲部隊概念的單位；麾下有 1 個步兵戰車的連隊、1 個機槍連、1 個自走砲連、1 個工兵連、1 個兵工連，外加通信、化學、軍需排組編成。然而由於兵種間的利益衝突和對新戰爭型態的存疑，「機械化部隊」的實驗仍然以失敗坐收。接連因為「經濟大蕭條」（Great Depression）[2] 如海嘯般席捲全球，「尤斯蒂斯堡」甚至都遭到被關閉的下場，基地被移作勞工營地和監獄農場的用途；美國陸軍好不容易組成的混合兵種部隊，又再度得鳥獸散！

在這一段約有十年的時間中，美國對於戰車的研究、技

2　經濟大蕭條期間，美國國會大幅削減陸軍的人員和預算，有超過 50 個基地被迫關閉。

術開發和戰術理論上的成果都非常有限，因為它還是被掌控在步兵的手裡，仍然只是被簡單地當成步兵支援的工具罷了，沒有主流人士認為它將會在隨後的世界大戰嶄露頭角。也因為財政的困難，編列在戰車的年度經費上偏低外，還有嚴格的支用限制，導致僅剩的戰車妥善率存有狀況。另一方面，國會投入在研發新型戰車上的預算偏低，每年僅限於能提供幾款測試車輛運用。在這樣偏頗的概念和資源嚴重受限的殘酷條件下，所導致的嚴重後果就是美國在戰車技術上裹足不前，到後來希特勒掀起第二次世界大戰的風暴時，美國陸軍幾乎沒有現代化的戰車可用；M1917 輕型戰車不是廉售（加拿大）、報廢、就是封存，重型的「自由」戰車也在 1934 年完全封存了。

　　在這一段曙光乍現前的灰暗期，美國在戰車研製方面的成果有限，但還是有腦子清楚的人願意關注這項武器的發展。當道格拉斯·麥克阿瑟這位年輕的明星將領出任陸軍參謀長一職後，他便下令研發「戰鬥車」（Combat Car）[3] 以供騎兵部隊使用為由躲避法規，因此主要的規格要求是得快速、機動、具有火力以完成傳統的騎兵任務，例如：敵後偵察和突襲，以及對步兵的快速火力支援。這樣的「戰鬥車」屬於輕型裝甲的武裝車輛，但往往與後來新步兵的「戰車」沒有明顯的

3　根據 1920 年《國防法》的規定，「戰車」統歸步兵部隊掌握，為了讓美國陸軍騎兵部隊配備裝甲車輛，因此為騎兵所開發的戰車被另稱為「戰鬥車」。

差別。就這樣，麥克阿瑟為騎兵的機械化奠定了基礎，並說到：「今天的馬並沒有比一千年前具備更高的機動性，因此當時間到的時候，騎兵部隊就必須有新的載具來替換馬匹。」

由於麥克阿瑟當時對陸軍向機械化軍隊現代化的過程中不會再需要動物的想法，後來在 1995 年的電影《追求榮譽》（In Pursuit of Honor）中，觀眾們甚至還會被電影中的情節給誤導，認為他下了屠殺令，企圖透過摧毀所有馬匹來消滅騎兵部隊…。但這些經過相關單位的考證，均無查獲此類大規模銷毀馬匹的命令或計劃，只能說又是一段被電影所

+ 圖 2-5：由騎兵所研製的 M1「戰鬥車」，成為後續第二次世界大戰期間廣泛使用輕型戰車系列的先驅。（Photo/US Army）

+ 圖 2-6：1930 年代初期，麥克阿瑟擔任陸軍參謀長，他也認為戰車不應淪為步兵支援的武器，而是應該具有更大的攻擊潛力，因此雖然當時有法規的限制，卻仍支持騎兵發展戰車的構想。（Photo/National Archives）

誤導的歷史真相。不過發生在 1932 年 7 月美國華盛頓特區
（Washington, D.C.）的退伍軍人「補償金示威事件」（Bonus
Marchers），的確是麥克阿瑟下令以武力驅散示威群眾，
而執行的主力部隊正是由巴頓少校所指揮第 3 騎兵團一部，
他沿著賓夕法尼亞大道前進驅散示威者，後來更調動數輛
M1917 輕型戰車來清場，迅速敉平所謂的「叛亂」。

◆ T1 輕型戰車

　　雖然早在 1920 年代初期，美國陸軍就決定要同時開發輕
型和重型兩種類型的戰車，這也就是後來以 T1 跟 T2 為代號發
展的戰車測試車型，但是原型車分別在經過多年的修改後，似
乎很難找到當初的定位，導致整個研製開發的過程步履蹣跚。

　　以 T1 輕型戰車而言，從 1927 年開發起，整個研製計畫
推展到 1932 年，車輛結構為前置引擎、變速箱與大型啟動輪
在後、駕駛在前、尾段設有手動旋轉的砲塔將車長容納在內
負責操作一門 37mm 砲跟 .30 口徑的機槍。T1 一共推出了七
種外型的版本（T1、T1E1、T1E2、T1E3、T1E4、T1E5 和
T1E6），卻都未能成為量產車，更別提裝備到部隊去、甚至
參與作戰了！

◆ T2 中型戰車

T2 中型戰車其實也是以 T1E1 輕型戰車為基礎進行放大，礙於陸軍部規定的最大重量不得超過 15 噸，因此在重量上必須大幅減輕。雖然很大的程度上受到當時英國「維克斯」（Vickers）「馬克 II」（Mark II）中型戰車的啟發，也擊敗了原先三款中型戰車的原型設計（M1919、M1921、

+ 圖 2-7：1929 年製造唯一一輛的 T1E2 車型，它的裝甲加厚增加了重量，雖換了功率更大的發動機，機動力也有所下降。（Photo/ 黃竣民攝）

M1928），但由於資金缺乏，此款車也僅有一輛被製造出來。它搭載了和「馬克Ⅷ」型重戰車的「自由」V12水冷式汽油引擎，可輸出馬力338匹，最大時速可達40公里/時（遠勝T1的輕型戰車）。車上的武裝由一門47mm半自動砲和一挺.30口徑的機槍組成；雖然也曾經想再安裝另一門37mm砲上去，但這一個構想在1931年被放棄了。

　　雖然T2原型車最終也未能符合陸軍所需，也就沒有後

+ 圖 2-8：47mm 半自動砲已拆除的 T2 原型車，也是「岩島兵工廠」於 1930 年唯一建造的一輛。（Photo/ 黃竣民攝）

續的量產計畫，但是它身為一個測試載台的任務也算是成功，因為它的後繼車款就是 M2 中型戰車，最後擴大發展為 M3「李」（Lee）和 M4「雪曼」（Sherman）中型戰車。

◆ T3「克里斯蒂」戰車

也有人會說，如果當時美國早在 1930 年前接受天才工程師約翰·沃爾特·克里斯蒂（John Walter Christie）的設計，那美國在二戰之前的裝甲部隊發展可能就會有天壤之別。當時他設計的 M1928 型戰車底盤有著能受高速行駛的懸吊系統，儘管在展示期間讓陸軍的高級官員們印象深刻，也強烈建議由步兵所掌握的戰車小組可以擴大研究，但步兵的戰車委員會卻認為裝甲太薄，無法抵禦反戰車步槍或火砲的射擊；更重要的是步兵運用戰車的概念是保護步兵，協助清除或孤立敵陣地的火力點，因此裝甲厚度和火力比機動力更重要。步兵的理念與克里斯蒂設計的高速輕型戰車相違背，它的產品是想快速突破敵軍防線，並深入攻擊其後方設施形成混亂。雖然騎兵出身的巴頓對此深感興趣，卻也無力為其爭取到更好的發展。

這樣先進但被認為是花俏的設計，最終沒能先在美國開花結果，因為戰爭部長以採購成本過高為由，否決了以

M1928 底盤進行大規模生產的方案。另一項運用傾斜裝甲概念的 M1931 底盤更是一絕，它能夠在履帶或路輪上運行，曾被實驗的戰車部隊短暫使用。當時這種世界先進的設計，卻無法為他獲得應有的報酬，經過曠日持久的談判最後只有不到十輛的訂單，逼得克里斯蒂得冒險將其設計在未經批准前轉移給潛在的敵對國家；其中之一就是蘇聯。蘇俄工程師在獲得這樣的協助下，陸續成功開發出 BT 系列的快速戰車，甚至二戰期間知名的 T-34 中型戰車背後都有他的「功勞」！

+ 圖 2-9：如果將「克里斯蒂」的 M1931 底盤，運用在騎兵裝甲戰鬥車上會稱爲「T1 戰鬥車」，而運用在步兵戰車則會稱爲「T3 中型戰車」。（Photo/US Army）

+ 圖 2-10：總產量只有 7 輛的 T3「克里斯蒂」戰車（4 輛給騎兵、3 輛給步兵），可是
一款輪 / 履式可變行駛方式概念下的戰車；圖中可見履帶卸下置放在車側。（Photo/
黃竣民攝）

◆ M1 輕型戰車

　　在 1930 年代，美軍在戰車的研製上也出現多頭馬車的
紛亂，例如步兵部隊是全權負責戰車的研發，而騎兵的裝甲
戰鬥車研發就得換個名稱搞建案，這一點倒是跟現在也很像。
但這樣的企圖其實昭然若揭，因為不管是步兵還是騎兵，所
有的設計都是在伊利諾州的「岩島兵工廠」開發和建造，所

以成品基本上也是出於同門腦子所打造出來的而已，說起來也夠諷刺。

騎兵所開發出來的戰鬥車款定名為 M1，該車的重量約 6 噸，最高時速為 48 公里，續航里程為 160 公里，有輕裝甲可抵抗小口徑子彈，武裝則有 3 挺機槍構成（一挺 12.7mm 重機槍和兩挺 7.62mm 機槍）。M1 騎兵戰鬥車[4]與步兵開發的 T2 輕型戰車根本就是雙生車，以節省開發時間和資源，兩款主要的差異處在於懸吊系統和旋轉式砲塔（騎兵的堅持），而另一項的技術創新則是採用了帶有橡膠襯套的橡膠塊履帶，這也是以後戰車重要的潮流。當時的單銷履帶大約能行駛 970 公里，即便在二戰結束時的蘇聯戰車履帶也僅能夠承受 1,000 公里的磨耗，而許多美國的履帶則是這個數據的 3-5 倍，可見這一項發明能夠節約多少後勤成本。

M1 戰鬥車系於 1937 年開始進入美國陸軍服役，後來也經過外型的修改，總數約一百輛的 M1 戰鬥車後來僅能充當培訓車款，沒有實際戰鬥的舞台；然而它卻成為後來盟軍普遍裝備的 M3 和 M5 輕型戰車系列的基礎。對於一個即將在第二次世界大戰中最重要的民主兵工廠而言，大量輕型戰車的軍事援助，在海外為同盟國貢獻了不少力量。

4　「戰鬥車」這名稱一直用到 1940 年才被取消，車輛更名為 M1A2 輕型戰車。

　　回顧美國從一戰結束後到 1939 年之間，在大環境與偏安的中立政策下，國防支出經常不成比例，而陸軍所分配到資源絕大部分都投入在陸軍航空隊，真正用在維修戰車或研發新式戰車的經費上是少得可憐。舉例，在 1932 年的陸軍僅撥出預算的 0.06% 用於購買戰車；在 1920 至 1935 年之間美國也僅僅生產了少得可憐的 35 輛戰車；而從 1925 至 1939 年間，分給陸軍研發新戰車的預算僅能允許平均每年打造一輛原型車…。這樣的慘狀，也難怪連當時駐華盛頓特區的德國武官在 1934 年的報告中提到，除了過去幾年中製造的少數機器外，每輛美國戰車都「完全落伍，在與擁有現代化裝備的軍隊作戰時，根本顯得毫無價值」！

◆ M2 中型戰車

　　歐洲在第二次世界大戰爆發之前，美國「岩島兵工廠」首次生產了 18 輛 M2 中型戰車和 94 輛改進型的 M2A1 中型戰車，它們是美國最早服役的中型戰車型號，於 1939 年裝備給陸軍操作。M2 中型戰車的上層結構較高，而且在每個方向幾乎都安裝了機槍，總數可以達到驚人的 9 挺之多（若含防空用途）。會安裝如此多挺機槍的原因很簡單，因為陸軍在設計中型戰車時並沒有真正將它視為戰車，而只是希望用

它來作為步兵的支援武器。當後來美國再度參戰後，這一批美製的戰車卻從未部署到海外參與戰鬥，因為情報顯示德國的「III號」（Panzerkampfwagen III）中型戰車的性能更優，因此在整場戰爭期間它們僅能留在本土擔任訓練任務。雖然M2中型戰車實際上是一款設計失敗的產物，但它的功勞其實是在它的基礎上所衍生出更優秀的戰車系列，後來真正引領美軍打勝仗。

　　從T2原型車發展而成的M2輕型戰車，在初期僅製造十輛後，因應步兵單位所提出的需求，在原車上再增加一個砲塔，形成一種雙砲塔的輕型戰車（左砲塔安裝一挺12.7mm重機槍、右砲塔安裝一挺7.62mm機槍），但這兩個砲塔卻互相限制了彼此的視野與射界。這樣奇葩的設計，讓官兵給它取了個「梅·威斯特」

+ 圖2-11：M2A1中型戰車，傾斜裝甲搭配強大的火力（37mm砲+7挺機槍）。（Photo/黃竣民攝）

（Mae West）[5] 的綽號，由於不實用，之後更大的量產型號（M2A4）便又改回單一砲塔的設計，並將重機槍也改為一門 37mm 砲。因為根據西班牙內戰的經驗，各國陸軍皆已體認到戰車若光只有裝配重機槍，以後根本很難在戰場上存活了！這款輕型戰車在戰爭期間可是美軍步兵單位的主要戰車，後來也參與過太平洋戰爭為海軍陸戰隊奮戰。

有別於歐洲對於戰車方面研究的興起，尤其納粹德國在裝甲兵推手的古德林（Heinz Wilhelm Guderian）戮力奔走下，早就於 1935 年將混合兵種納編成為獨立的「裝甲師」，而這後來也成為各國追隨的做法。雖然後來波蘭被瓜分、法國淪陷、英國苦撐、但美國仍然置身歐亞戰事外，民眾對於迫在眉睫的全球戰事無動於衷，更糟糕的是，當時的美國陸軍其實是～不堪一擊！

美國則是要等到 1940 年 7 月才組建第一支裝甲師，並將裝甲兵獨立成為一個兵科，但是在本質上只是將步兵和騎兵的戰車合併為一個組織。這項組織的變革，乃是受到 1940 年納粹鐵蹄閃電征服西線盟軍之後的震撼，因此被認為軍事組織編裝已經到了有必要做出大調整的時機；尤其是運用戰車去充當步兵或騎兵的支援武器，顯然在新的戰爭型態下已不

5　當時好萊塢一位胸部豐滿的女明星。

+ 圖 2-12：博物館中保存的 M2A2E3 輕型戰車的版本，被官兵暱稱是「梅·威斯特」。
　（Photo/ 黃竣民攝）

再適用。[6] 在獨立裝甲師的裝甲編隊中，各兵種協同作戰所發揮出的加乘戰鬥力遠超過其他部隊。然而美軍當時在整體的裝備需求、運用構想上，根本還是一堆紙上作業，需要透過如「路易斯安那演習」（Louisiana Maneuvers）、「田納西演習」（Tennessee Maneuvers）、「卡羅萊納演習」（Carolina

---

6　歐洲開戰後，當時的蔣緯國將軍從德國轉往美國陸軍航空隊（尚未成立空軍）與陸軍裝甲兵訓練中心接受訓練，並見習了其中的演習。美軍曾邀請他擔任顧問，以從中了解德國裝甲部隊的編制與戰術運用，後來他還協助美軍成立了第一支裝甲師與其後勤體制。

Maneuvers）等大規模的聯合演習，評估美國的訓練、後勤、教範和指揮能力。讓陸軍能充分從這些大規模軍演，獲得關於訓練、準則和領導等領域的寶貴結論，進而推演出可改進的理論、裝備和武器的依據；另一方面也對軍事指揮將領進行大規模的汰除作業，例如在「路易斯安那演習」後，超過70位將軍遭到免職，讓新一代具備新思維的軍官替補上去。當美國捲入第二次世界大戰的戰火後，很快地便預告出美國戰車的新時代即將來臨。

不可否認，美國陸軍的步兵師和裝甲師承擔著二戰陸戰的重任，但是在當時動員的89個師中，就有82個師是步兵（雖然1942年有5個步兵師奉令改裝為摩托化步兵師，1943年再計劃增加5個，但實際上只有第4師完全配備了適當的裝備）。也由於美國人見識到步兵師與摩托化師在輜重後勤上的差異，所以讓先前沒有經驗的高層感到卻步，例如：摩托化師與步兵師在編裝表中的各型車輛多了一千多輛、輪胎消耗幾乎是兩倍的橡膠（166噸：318噸）、海運時噸位約是3.2萬噸：6萬噸…因此，「陸軍地面部隊」的裁減委員會極度反對摩托化師，甚至建議要廢除它。畢竟當時的裝甲部隊在人力和裝備的使用上，是地面武器中最「揮霍無度」、「奢華」…，而裝甲師呈現出一幅驚人的極致奢侈圖景，這些也是保守派的砲兵、騎兵將軍們也加入排斥發展機械化部

隊的原因。

◆ M3 ／ M5「斯圖亞特」輕型戰車

　　在短暫的法國戰役期間，美國也派出軍事觀察員關注戰爭的發展，結果發現英國與法國的輕型戰車很脆弱，在戰場上的生存力很低。因此在 1940 年 7 月要求必須在現有 M2 輕型戰車的基礎上，重新研製一款新的輕型戰車。於是，M3「斯圖亞特」（Stuart）輕型戰車就是以 M2A4 輕型戰車為基礎所進行直接改良而成，使其具備更厚的裝甲、升級了懸吊系統、37mm 火砲也換新的緩衝機構，並從 1941 年 3 月開始大量生產。該車款的生產線一直持續到 1943 年 9 月止，

+ 圖 2-13：M3「斯圖亞特」輕型戰車在二戰初期是美國陸軍機動部隊的要角，許多的演習與訓練場合必不可少，也象徵著騎馬騎兵的末日。（Photo/ 黃竣民攝）

+ 圖 2-14：M3「斯圖亞特」輕型戰車，可是美國參戰後主要軍援同盟國陣營的戰車之一，在諸多戰場上都可以見其奮戰的身影。（Photo/ 黃竣民攝）

在這 2 年半的時間裡，美國一共生產了將近 1.4 萬輛的 M3「斯圖亞特」輕型戰車，除了美國陸軍本身使用外，主要還有透過《租借法案》（Lend-Lease Act）為同盟國提供戰爭物資（包括中國），其中就有這一款輕型戰車的身影。

該型戰車的首度實戰紀錄是在北非，1941 年 11 月中旬英軍發動「十字軍作戰」（Operation Crusader），英軍動用約 170 輛「斯圖亞特」輕型戰車參與作戰，然而面對訓練有素的「德國非洲軍」（Deutsches Afrikakorps）並沒有取得預期的戰果。反而讓「斯圖亞特」輕型戰車卻暴露出許多缺陷，包括續航力不足（越野僅 120 公里，約是英軍主力車款的一半而已）、37mm 的主砲射程有限，且砲塔內部布局欠佳⋯等造成了較高的戰損；但由於行駛的平穩度佳，英軍也非正式地

+ 圖 2-15：M3A1「斯圖亞特」輕型戰車每側都安裝有 0.30 口徑的機槍，1941 年 12 月，美國陸軍在菲律賓與日軍的 95 式戰車爆發了首次的戰車對戰。（Photo/ 黃竣民攝）

暱稱它為「甜心」（Honey）。而在另一邊同樣是透過《租借法案》獲得該車款的蘇俄，它們在東線戰場上的表現也不盡人意，紅軍的裝甲兵認為它火力弱、裝甲薄、容易著火，而且對燃料品質過於挑剔（由於是採用航空用的星形發動機，因此需要高辛烷值的燃料），迫使蘇聯後勤工作的壓力變得更沉重，因此普遍得不到好評。

然而M3「斯圖亞特」輕型戰車對美國陸軍而言卻具有另一個深遠的意義，因為盟軍發動登陸北非的「火炬行動」（Operation Torch）後，1942年11月26日發生在突尼斯郊

＋ 圖2-16：1942年底的「喬伊古隘口戰役」，是美軍與德軍裝甲部隊首度的交鋒，意義重大。此為採用沙漠塗裝的M3A1「斯圖亞特」輕型戰車，收藏於「格雷格－亞當斯堡」。（Photo/ 黃竣民攝）

區的一場遭遇戰鬥，正是美軍首度以成建制的裝甲戰術基本單位與德軍交手（雖然早在 1942 年，就有一小部分的美國裝甲兵和英軍一起部署在戰區，以便獲得作戰經驗）。當時的美軍第 1 裝甲師才剛抵達北非準備在地中海戰區作戰，其下屬的第 1 戰車團第 1 營便是配備 M3「斯圖亞特」輕型戰車，營長更是巴頓將軍的女婿；而該團的另外兩個營操作較大的 M3「Lee」中型戰車，這也是當時美軍裝甲部隊的標準編制。

軸心軍為了對登陸的盟軍部隊展開反擊，於是派出了一支久經沙場的混編部隊欲前往收拾，雙方的兵力規模幾乎都是加強營等級；德軍擁有Ⅲ號、Ⅳ號戰車編成的步戰混合隊伍，而美軍主要是 60 輛的 M3 輕型戰車營編成，而且沒有步兵支援。然而在這一場名為「喬伊古隘口戰役」（Battle of Chouigui Pass）中，美軍幸運地判斷出敵軍的弱點，並以劣勢的火力成功地擊退了德軍第 190 戰車營的混編部隊，雖然雙方的戰車損失幾乎平手（7：6），但關鍵的是，這是美軍在歷史上頭一次在沙漠地形中成功擊退了德軍裝甲部隊的紀錄，攸關部隊的作戰士氣。更值得一提的是，第一營麾下的一個戰車連，出奇不意地殺入德國空軍位於突尼斯以西 30 公里處的傑代達（Djedeida）機場，一下子幾乎就團滅了德軍「第 3 俯衝轟炸機聯隊」（Sturzkampfgeschwader 3）的整支大隊（至少超過二十架戰機被摧毀而無法作戰），並將補

給料件與油料悉數炸毀，讓德軍已經吃緊的空中力量更是雪上加霜。

　　美國為了持續滿足戰時對盟國的援助需求，在 M3「斯圖亞特」輕型戰車的基礎上再予以修改，強化了車體並配備新的「凱迪拉克」（Cadillac）引擎和變速箱，但武裝卻沒有進化，而開發出的另一個新版本就是 M5「斯圖亞特」輕型戰車。它比 M3「斯圖亞特」更安靜、舒適、寬敞；而且新型的自動變速箱更將駕駛手的訓練予以簡化了。從 1942 年夏季起，M5 逐漸取代了 M3 的生產量，直到戰爭末期新款的輕型戰車推出後，1944 年 6 月才停止生產作業，總產量約 8,800 輛。

+ 圖 2-17：美軍戰車營在北非的初登板表現雖然戰果平平，但卻陰錯陽差地重創了「第3俯衝轟炸機聯隊」（StG. 3）的戰力，讓「非洲軍團」原本就處於劣勢的空中支援能力更加捉襟見肘，加速軸心軍的敗亡。（Photo/asisbiz.com）

+ 圖 2-18 ：在「諾曼第戰役」期間，為了突破法國農村茂密厚實的堅韌樹籬，而在車頭前方安裝樹籬切割機。（Photo/ 黃竣民攝）

然而不管是 M3、還是 M5「斯圖亞特」輕型戰車，即便在裝甲戰鬥激烈的歐洲戰區都很脆弱，因為它們車裝的火力對於德軍而言根本是「搔癢」程度，尤其是美軍在北非戰區登場後的表現，徹底讓官兵意識到該輕型戰車的火力實在無法對德軍造成威脅，甚至 M3 車裝的 37mm 砲還被取笑是「松鼠步槍」（Squirrel rifles）。此類輕型戰車唯有仰賴其高速度承擔騎兵的偵察、搜索，和勉強對步兵行火力支援的任務，真面對德軍的戰車最好還是逃之夭夭先，不然下場都頗為慘烈。但它們在遠東戰區卻仍然有效，因為日本戰車的

戰力水平更低，步兵的反戰車武器裝備較差，而且叢林或島嶼的環境對大型戰車並不適合，所以它們還能在這些戰場上發光發熱直到戰爭結束。

◆ M3「李」中型戰車

從 M2 中型戰車衍生而成的 M3「李」（Lee）中型戰車，則是一款將就而成的產品，儘管先天不良，但它仍然出色地完成過渡性的任務。因為 1939 年歐戰爆發後，美國的戰術思想仍繼承第一次世界大戰的型態，因此戰車的設計理念跟現在機動戰的戰爭型態脫節，那種在和平年代所設計的 M2 中型戰車，跟「閃電戰」（Blitzkrieg）的戰術是難以匹配；所幸它並未離開過美國本土。於是美國在 1940 年 7 月開始展開新款中型戰車的研製案，雖然設計有點過時且笨拙，但搶在西歐已經大半淪陷、英倫三島也在苟延殘喘的時機點，英國遠征軍已經在法國幾乎丟光了重裝備（當時英國帶著 500 輛戰車在法國協助對抗德軍，卻只剩 13 輛能撤回本土），於是第一批在隔年（1941）的年底便正式服役，而且是優先送往在北非戰場上的英軍使用。如果羅斯福總統要印證美國應該成為「民主的軍火庫」，那 M3「李」中型戰車很快就成為這句話的代表。

　　1940 年 7 月，當時英國面對即將準備入侵的德軍時，全國只能立即集結出一個完整的戰車團而已，防衛戰力岌岌可危的程度可見一斑，而英國的工業在德軍轟炸下實在也難以迅速生產如此多的新裝備補充部隊所需，因此被迫尋求他國工業產能的協助。於是英國代表團前往美國，起初的目的是說服美國工廠協助生產英國最新設計的戰車（「瑪蒂達」步兵戰車），然而談判進展緩慢，不僅是因為成本的考量；而是因為美國人在研究了英國的戰車後根本就不喜歡他們的設計，因此拒絕了這樣的合作模式，並決定生產特殊版本的美國車輛以滿足英國軍隊的需要。英國代表團在獲悉美國將設計和製造自己的戰車，而英國在別無選擇，否則拉倒的情況下也只能照單全收！幸好美國人的堅持是對的，因為英國戰車缺乏可靠性，設計本身也很差，只剩下活在昔日日不落國輝煌的虛榮感在作祟，但也不得不承認，美國當時所設計的戰車水準已經超越戰車的發明國了！

　　儘管 M3「李」中型戰車的外貌跟同時期各國的主力戰車相較實在有點奇異，而且美國與英國版本的也有差異（主要的辨識在於砲塔）；英國人則稱為 M3「格蘭特」（Grant），德國人稱它是「雄偉的標靶」（Splendid target）、美國人暱稱它為「鋼鐵教堂」（Iron cathedral），但這都無損於它成為英國在北非第八軍團的戰馬形象，尤其是在戰役最艱苦的時期。

　　M3「李」中型戰車高大且寬敞，可容納 7 名車組人員（英國版為 6 名），可容納大型的傳動裝置，搭載「萊特」（Wright）R-975 發動機可輸出 400 匹最大馬力，採用垂直蝸殼彈簧懸吊系統，行駛平穩且易於維修，性能可靠，車體裝甲也算是非常堅固。值得一提的是，它率先安裝了 75mm 口徑的主砲，實現了美國戰車直接從 37mm 口徑直上後來主流的火力標準（沒有從 37、47 或 50、75mm 的逐步升級），這點很重要；因為當時的美國並沒有設計 75mm 火砲砲塔的經驗，為求保險起見，所以直接拷貝了法國 Char B1 重型戰車的模式，將主砲置於車身的右側，而不是砲塔。

+ 圖 2-19：仿法國 Char B1 重型戰車 75mm 砲安裝的模式，讓 M3 中型戰車的火力在當時具有相當的威脅性。（Photo/ 黃竣民攝）

+ 圖 2-20：這輛戰車因美國電影《撒哈拉》（Sahara）而聞名，他的戰車被命名爲「露露貝兒」「Lulu Belle」。（Photo/ 黃竣民攝）

　　這固定式的 75mm 火砲左、右的射界各 15°、俯仰角度為 -9°至 +20°、最大射程為 2,700 公尺、攜彈量 46 發；它在北非初登場時，75mm 砲的火力遠比德軍「III號」戰車（Panzerkampfwagen III）車裝的 50mm 砲與 Pak 36 的 50mm 戰防砲都還強大，甚至連隆美爾（Rommel）都感到震驚地說出德軍戰車質量的優勢不再！ 37mm 的副砲的最大射程為 1,400 公尺、攜彈量 178 發，還有多挺的機槍可形成火網，簡直就像是一座移動式的火力點。

　　美國陸軍的裝甲兵首度在「火炬作戰行動」（Operation Torch）中使用 M3 中型戰車，陸續在突尼斯和「凱塞林隘口戰役」（Battle of Kasserine Pass）中接受更嚴峻的考驗，因為「非洲軍團」已換裝火力更強大的「IV號」戰車、甚至是「虎」（Tiger）式重戰車。在 M4「雪曼」（Sherman）戰車逐漸成為主力車款後，M3 中型戰車才率先從北非戰區退下第一線的角色，短暫地轉為補充兵的身分，替補第一線裝甲師的損失用。

　　除了美軍和英軍使用外，M3 中型戰車的另一個主要使用國是蘇俄。在《租借法案》下，將近有 1,400 輛的 M3 中型戰車是透過運輸船團運送到摩爾曼斯克（Мурманск），隨後編入紅軍的戰車旅投入作戰使用；特別是在列寧格勒（Leningrad）和史達林格勒（Stalingrad）周圍的戰鬥，以

+ 圖2-21：堪稱是英軍第八軍團戰馬的M3「格蘭特」中型戰車，採用了北非的紀念塗裝。
（Photo/ 黃竣民攝）

補充蘇德戰爭初期紅軍戰車的損失。不過俄國官兵發現這款
戰車並不實用、戰果也不佳，尤其是傷亡率驚人，因此在裝
甲部隊中流傳著惡名昭彰的暱稱，那就是「七兄弟的棺材」
（Coffin for seven brothers）[7]。當自身的 T-34/76 能大量生
產成為主力後，對於這一款無力承擔第一線戰鬥的過時美製
戰車，只能調派到次要戰線去充數，例如部署到北極前線去
陪北極熊。

7　美國版 M3「Lee」中型戰車車組的編制成員為 7 人。

◆ M4「雪曼」中型戰車

如果說 M3「李」中型戰車的開發，只能算是趕鴨子上架的權宜之計，那高聳的輪廓對於作戰在先天上就具有不利的條件，雖然它的綜合車裝火力夠強大，但射界嚴重受限也讓火力的發揚大打折扣，並不會是美國人心目中的理想產品。而美國人押寶的 M3「李」中型戰車的後繼產品；也就是大家所熟知的 M4「雪曼」（Sherman）中型戰車，才沒有讓美國、甚至是盟軍失望，以一款通用性的戰車標準而言，它被稱為是第二次世界大戰中最好的戰車之一，也算是實至名歸啊！

美國陸軍軍械部對於下一部中型戰車的設計規格早在 1940 年 8 月底就提交，然而原型車的開發卻因為 M3「李」中型戰車的全面量產而受到推遲，因為美國人希望後繼的車款是具備全迴旋的砲塔，但當時美國還沒有量產這種大直徑砲塔環的經驗，試驗的工作得花費一段時間。1941 年 4 月中旬，美國裝甲部隊的委員會在五種設計中評選出一款定型版 [8]；也是設計最簡單的一款，並命名為 T6。直到 1941 年 9

8　五種設計都是採用 M3 戰車的底盤，但在大砲塔的武器選擇很豐富：1. 一門 75mm 加農砲、2. 兩門 M6 型 37mm 砲、3. 一門 105mm 榴彈砲、4. 三挺 12.7mm 機槍、5. 一門英國 57mm（6 磅）砲。

月才完成 T6 原型車接受測試，同時分別在「亞伯丁測試場」打造鑄造車體、在「岩島兵工廠」打造焊接車體的版本。在完成修改後即成為所謂的 M4 中型戰車，並於 1942 年 2 月開始生產；特別的是同時生產焊接和鑄造的車型以增加產量；後者被稱為 M4A1 型。美國終於可以倚賴這一款戰車一雪前恥，帶領著盟軍在各戰區上擊潰軸心國的陣營。

　　M4「雪曼」中型戰車在設計之初就已經考量到後勤的通用性，因此將M3「李」中型戰車的引擎、變速箱、履帶和懸吊系統等盡可能的共用，以簡化生產步驟並節省時間，降低後勤壓力，同時也必須將車組成員減為5人。M4「雪曼」中型戰車的外觀已經和前一款不同，它搭載了一座安裝75mm主砲的可全迴式砲塔，並修改了車體裝甲的分配，同時卻不增加車輛的總重。但不同車體的做工模式也產生出不同的編號，採用焊接模式的車體被定名為M4；而採用鑄造模式車體者則為M4A1；並搶先被運往英國。不過該車編號的方式，在後續投入生產的工廠增加後便顯得有些紊亂，如果再加上升級的版本，很容易令外界困惑。綜整美國陸軍在整個生產期間對M4的衍生版基本上就有七個主要的子型號：M4、M4A1、M4A2、M4A3、M4A4、M4A5和M4A6。而這些子型號並不一定代表著按順序式的改良版（例如A4型並不意味著它就比A3型好），而只是表示標準化的生產變化，

通常是顯示製造地點、主件類別（如發動機型號就有：「大陸」R975系列汽/柴油發動機、「通用」6046柴油機、「福特」GAA發動機、「克萊斯勒」A57汽油等型號）和製造時間等資訊。M4中型戰車由11家主要的工廠並行生產[9]，雖然在外觀樣式、工法上會呈現些差異，但透過統一零件規格確保通用性，因此整體的後勤妥善程度上還是可以保持在高檔。

　　隨著美國陸軍準則的修改，從 1941 年 5 月出版頒布的《FM 100-5 作戰要綱》（FM 100-5 Operations），已經明顯的改變美國陸軍對於戰車運用的角度，因為新成立的「裝甲師」，主要的角色就是執行強大機動力和火力的任務，擔負決定性的行動，運用各種型式的戰鬥手段，突穿敵人後方地區。而受惠於生產工廠不斷增加，讓 M4「雪曼」中型戰車的量產速度驚人，起初生產率為 1,000 輛 / 月，到 1942 年年中時已經可以達到 2,000 輛 / 月，所以也有加速汰換 M3

9　獲得生產 M4「雪曼」中型戰車的工廠有 11 家（10 家在美國、1 家在加拿大），分別是：「美國機車」（American Locomotive, ALCO）、「鮑德溫機車廠」（Baldwin Locomotive Works, BLM）、「克萊斯勒國防兵工廠」（Chrysler Defense Arsenal, CDA）、「聯邦機器和焊接機」（Federal Machine & Welder, FMW）、「費雪戰車兵工廠」（Fisher Tank Arsenal, FTA）、「福特汽車公司」（Ford Motor Company, FMC）、「利馬機車廠」（Lima Locomotive Works, LLW）、「蒙特婁機車廠」（Montreal Locomotive Works, MCW）、「太平洋汽車鑄造廠」（Pacific Car & Foundry, PCF）、「沖壓鋼汽車」（Pressed Steel Car, PST）、「普爾曼標準」（Pullman Standard, PSCC）等工廠。

+ 圖 2-22 ：M4A4「雪曼」中型戰車採用加長版的焊接車體，搭載「克萊斯勒」A57 直列
　　六缸汽油引擎。（Photo/ 黃竣民攝）

「李」中型戰車的本錢。由它所組成的戰車營，正迅速地成
為陸軍裝甲師的核心，也是步兵師的重砲支援要角；唯一的
差別待遇是編配在步兵師內的獨立戰車營比較可憐，因為步
兵對於戰車的運用概念可能還很老套，而屢屢犯下戰術上的
錯誤，他們還需要繳很多的學費，從實戰中獲得經驗與教訓。

　　當「利馬機車廠」（LLW）將第一批量產的 M4「雪曼」
透過《租借法案》運送給英國[10]，並首度被英軍投入在北非的

10 1941 年羅斯福總統簽署了《租借法案》，允許實際上已經破產的大英國協，有效地

第二次「阿拉曼戰役」（Battle of El Alamein）中，由 170 輛 M3「格蘭特」和 250 輛左右的 M4「雪曼」戰車（分屬第 1、10 裝甲師、第 9 裝甲旅），即組成了裝甲部隊的核心力量。英軍第 8 軍團此刻除了在裝甲數量上取得超過 2：1 的優勢外，質量上也終於是完全輾壓軸心軍（因為戰場上義大利的戰車基本上不靠譜，而德國搭載 75mm 口徑主砲的「IV 號」戰車數量卻很有限，發揮不了決定性的影響）。此役打得軸心軍在北非戰場得轉入戰略撤退，戰略天秤就此逆轉，大家也開始注意到美軍所推出的這一款新戰車，已經在戰場上嶄露鋒芒。即便是德國人也對美國的這一款新型戰車給予很高的評價，這從美軍繳獲的德軍文件可以佐證；甚至有德國將軍在接受審訊時聲稱，柏林會把「虎」式重戰車匆忙地部署到非洲，其實就是為了專門用來對付 M4「雪曼」戰車！

其實這些英軍的裝甲部隊接裝並不久，很多都還沒完成協同訓練，然而拜 M4「雪曼」戰車的高度通用性設計，讓原本操作 M3「格蘭特」的資深駕駛手能夠迅速完成轉換，甚至射手在操作時也都沒有問題，整車的車組訓練只需要幾個小時即可完成，等於大幅減少了訓練的時間與成本。而以

從美國租用他們需要的戰車和其他物資。英國這一筆相當於 3,800 億美金的債務（折合 2021 年幣值），佔美國當時法案總體的 65%，直到 2006 年才償還完。

往英軍戰車最懼怕的並非是德軍的戰車，反而是德軍威力驚人的 88mm 高射砲將英軍戰車打得皮開肉綻，但 M4「雪曼」戰車一上戰場就用 75mm 高爆彈對砲陣地猛轟，德軍原本倚賴的反戰車實力嚴重遭到削弱，這破壞力也讓英軍看傻了眼。此外傾斜的前正面裝甲，也對防護力上有了顯著的提升，讓軸心軍的戰車瞬間就弱化了。由於戰場性能深得英軍滿意，因此也提出要對該型戰車更多需求的報告。

+ 圖 2-23：當今保存最古老的一輛 M4A1「雪曼」戰車，存放在英國戰車博物館（Tank Museum in Bovington），並取名爲「Michael」以紀念 1940 年英國駐美國戰車代表團團長麥克·杜瓦（Michael Dewar）的貢獻。（Photo/黃竣民攝）

+ 圖 2-24：在東線遭到擄獲的美造 M4A1「雪曼」戰車，後方爲 M3「李」戰車，均是透過《租借法案》獲得，被送到德東的庫默斯多夫（Kummersdorf）測試場進行相關測評，以掌握相關的性能諸元。（Photo/Bundesarchiv）

M4「雪曼」雖然在逆轉同盟國戰局的戰鬥中脫穎而出，它的推重比較佳而能有更好的機動力表現、機械品質耐用且易於維護、料件通用性高能維持高妥善率、噸位適中而適合機動部署、但也並不表示它們就無懈可擊，尤其是美軍自己操作時才知道實戰與課堂教範的落差，而美國人使用自身戰車的經驗還遠不如英國人。就像第 1 裝甲師在 1942 年 11 月的「火炬行動」中對沙漠作戰根本毫無準備，因為當時的油漆不夠，戰車的塗裝竟然還是橄欖褐的顏色，連基本的偽裝都不合格。而「非洲軍團」（DAK）被英軍擊敗後渴望復仇，此時缺乏實戰經驗的美國裝甲師就是待宰的羔羊。

當 1943 年 2 月美軍向突尼斯（Tunis）推進時，美國的裝甲部隊首度大規模地與德軍裝甲部隊交戰，從「西迪布齊德戰役」（Battle of Sidi Bou Zid）拉開的「凱塞林隘口戰役」（Battle of the Kasserine Pass）序幕，短短十天的戰鬥，就給了美國大兵們上了血淋淋的一課。[11] 雖然初登板的美軍裝備精良，但部隊指揮官的領導能力和戰術運用都明顯不成正比，導致美軍的傷亡率幾乎是德軍的十倍；部分原因竟然是美軍的戰車兵還不習慣打戰車戰（舊有的觀念，還是認為戰

---

11 布萊德雷（Omar Nelson Bradley）將軍曾說：「這仗恐怕是輝煌的美國陸軍歷史中最難堪的一頁。」（It was probably the worst performance of U.S. Army troops in their whole proud history.）

車只是對步兵提供火力支援），尤其在面對不同量級的對手—「虎」式重戰車時，更只有被暴揍的份，參戰的「雪曼」戰車營幾乎快要被全殲。此役過後，在美國本土的訓練才得到加強，戰術和教範也得到了更新，以適應當前戰爭的現實，或許也算是另類的因禍得福吧！

　　M4「雪曼」戰車儘管擁有許多的優點，但也非無懈可擊，除了汽/柴油引擎型號過於多種，是後勤比較苦惱之處外，坊間最多詬病之處，不外乎是不幸遭到敵軍命中時易於

+ 圖 2-25：搭載 76mm 主砲的 M4A1（W）「雪曼」戰車，安裝了更安全的「濕」式彈藥裝載系統。（Photo/ 黃竣民攝）

起火，這樣的窘況實則為彈藥儲放的位置設計不良，因為早期型號的主砲彈藥儲放在左、右兩側，因此敵方的穿甲彈一旦貫穿時，很容易就引爆車側的彈藥造成嚴重毀損，估計約佔整體的 60-80%。要知道彈藥引爆的火災比燃料引起的火災更致命，尤其車上如果滿載近百發的 75mm 砲彈同時燒毀，那車組人員生還的機會實際上為零！[12] 而這樣容易引起火災的結果，也為它在美軍官兵中落得了一個「朗森」（Ronson）的外號[13]；德軍也戲謔地稱它們是「湯米烤盤」（Tommy cooker），這在官兵以訛傳訛的渲染下誤導外界許久。為了改善裝甲兵這樣的損失，後來在不改變戰車基本型號的情況下，在生產過程中改進了生產方式（鑄造＋焊接車體）、更耐用的懸掛裝置、更強的裝甲布置（複合材料）和更安全的「濕」式彈藥裝載系統[14]、彈藥室外側加焊接一片鋼板⋯，透過這些改善工程的確讓火災的發生率顯著下降至僅剩 10-15% 左右（約 4 倍）。

　　隨著盟軍反攻的腳步加速，美國也意識到戰車必須承擔起衝鋒陷陣的突擊角色，但現有的 M4「雪曼」戰車在防護

---

12 英軍常在戰鬥中攜帶 140 至 150 發砲彈，遠多於 M4「雪曼」戰車標準的戰鬥攜行量，所以當一輛裝滿彈藥的戰車被擊穿時，就幾乎肯定會發生致命的火災。

13 「朗森」為德國打火機的品牌，當時的廣告詞是「一打就著，每打必著」。

14 在底板下方安裝了濕式彈藥庫，透過向全車填充防凍劑來防止起火，這些車輛在型號末都帶有 W 顯示。

力上一直無法與德軍重戰車相比擬，因此臨時選定了「費雪戰車兵工廠」（FTA）將一批產線上的 M4A3 型戰車，在車體前方的斜面上直接焊接了一塊 38mm 的鋼板加厚，使其正面裝甲的總厚度增為 102mm，傾斜後的有效裝甲厚度超過 180mm；車側加焊了一片 1.5 吋厚的鋼板；砲盾也焊接了額外的 3.5 吋裝甲，讓砲塔正面的總防護力達到 177mm。這一批為數 250 輛的特殊型號被稱為 M4A3E2；也是後來大家較為熟悉的「小飛象」（Jumbo）突擊戰車。

　　由於全車多焊了更多的鋼板，讓車重已經突破了 38 噸，造成機動力下降外，更讓原本設定的懸吊系統壓力過大，造成維修周期縮短，然而這些缺陷與它的優點相較，美國的裝甲兵們根本認為沒什麼大不了，因為它帶來了空前未有的安

＋ 圖 2-26：美國陸軍博物館中 M4A3E2「小飛象」突擊戰車解圍的場景，敘述巴頓的第 4 裝甲師第一輛戰車與被圍困美軍傘兵接觸的故事。（Photo/ 黃竣民攝）

＋ 圖 2-27：艾布蘭在擔任裝甲部隊的營長時，就以敢打猛衝著名，連他的長官巴頓都對他感到敬佩。（Photo/US Army）

全感。以往在面對德軍的重戰車或 88mm 高射砲時，M4「雪曼」戰車只有挨揍的份，現在這一款改良版的「小飛象」卻很扛揍；最高紀錄甚至擋了 9 發德軍 88mm 高射砲的砲彈！

　　儘管美國在二戰中的軍工業生產方面幾乎達到滿載，但在 1944 年的年底還是發生過產量不足的危機，主要是在反攻法國的戰鬥中投入的戰車比陸軍預期的還要多，因為美軍對歐洲戰區的戰事過於樂觀，因此將主力的 M4 中型戰車損耗率從 20% 降為 7%；預備用的戰車比例則為 17.5%。美軍這個後勤數字對照英軍第 21 集團軍的預判數字實在有點落差（入侵後的前三個月每月損耗率為 25%，預備車輛則是50%）。這樣的窘狀還曾經逼得美國一度在當年 11、12 月對英國《租借法案》的戰車訂單（約 3,500 輛）暫停輸出，直到隔年 4 月才又恢復。不過即使兵工廠的戰車完成組裝，後續的運輸條件也會導致裝備向部隊交付的時間有所延遲，畢竟船團必須穿越大西洋或太平洋才能到達最終目的地。而根據研究指出，從紐約運送補給品交到歐洲戰區的部隊通常需要 87 天，如果船團需要繞道航行就得拖更久；一旦戰車到達指定的港口，也需要約 50 個工作小時來完成卸載及復原工作（拆裝、組合、除銹…）。

　　在 1944 年年底的「突出部戰役」（Battle of the Bulge）中，為了解救在巴斯通（Bastogne）被德軍包圍的第

101 空降師官兵，巴頓手下的第 4 裝甲師第 37 戰車營奮勇向前，在營長小克萊頓・威廉斯・艾布蘭（Creighton Williams Abrams Jr.）[15] 中校的指揮下，第 37 戰車營 C 連的一輛名為「眼鏡蛇王」（Cobra King）的 M4A3E2 戰車帶頭衝鋒，任務是全速衝破那些德軍的防禦工事，中途絕不能停車，儘管將掃蕩的任務留給後面跟進的第 53 裝甲步兵營負責。一個半小時後，第 37 戰車營 C 連與第 101 空降師的第 326 空降工兵營 A 連取得接觸，達成後續解圍的不可能任務。後來這一輛傳奇的「眼鏡蛇王」戰車還參與了「鮑姆特遣隊」（Task Force Baum）對哈默爾堡（Hammelburg）戰俘營的襲擊行動，雖然行動最後以失敗告終，全部編隊的 57 輛各式車輛全部損耗殆盡，隊員非死即傷，更多則淪為德軍的俘虜。[16]

　　二戰中，德國裝甲部隊中湧現出一批「戰車擊破王」（Tank Aces），他們多半是靠「虎」式戰車打出來的天下。相較於美軍皮薄、拳頭短的 M4「雪曼」戰車，要出現此等戰績的王牌是難以相提並論，但這也不盡然就代表美軍中沒有戰車王牌的存在。就像拉法葉・格林・普爾（Lafayette G.

---

15 艾布蘭後來官拜美國陸軍參謀長，1980 年服役的 M1 型主力戰車即是以他的名字所命名。

16 據信當時巴頓是想從集中營中拯救其女婿；也是後來官拜四星上將的太平洋陸軍司令：約翰・奈特・沃特斯（John Knight Waters）。

+ 圖 2-28：拉法葉・格林・
普爾是美軍排名第一號的
戰車王牌，其驚人的戰績
是僅僅用 81 天的時間創
下。（Photo/US Army）

+ 圖 2-29：為了緬懷這一位美軍當中最具殺傷力的戰車
王牌，美國陸軍裝甲兵學校特地在 2024 年將一處大
門以他的名字命名，圖為當天的命名儀式。（Photo/
US Army）

Pool）的戰鬥經歷也是令人肅然起敬，他在 1944 年 6 月 27
至 9 月 15 日短暫的 81 天內，以指揮 3 輛 M4「雪曼」戰車
換取了 12 輛戰車、258 輛其他裝甲車和自走砲的交換比，更
擊斃 1 千名士兵和俘虜了 250 名敵軍，寫下「雪曼」戰車的
傳奇篇章。

M4「雪曼」戰車做為二戰自由陣營中美系戰車的代表
性車款，在總產量逼近 5 萬輛的驚人數字下（光是美國陸軍
與海軍陸戰隊共配給近 2.2 萬輛、軍援英國 1.7 萬輛、蘇聯
也有 4 千多輛，柴油版 M4A2 型戰車甚至成為紅軍使用最廣
泛的外國造中型戰車⋯），僅次於俄系 T-34 的產量，便不難

發現它帶給對手多大的數量壓力。而且它不斷在進行改善，
例如自 1943 年起，改裝的 105mm 榴彈砲開始用於近距離支
援、1944 年 2 月起投產的 M4 型號改為 76mm 砲、從 1944
年中期開始，換用更強的懸吊系統（HVSS）、為了降低遭
敵命中後引發的火災，在彈藥架上安裝了「濕式裝載」護套、
在車體外部添加了附加裝甲、換裝寬版履帶（從 16 吋換為
23 吋）…。

　　M4 戰車在 1945 年的二戰結束後仍然服役很久，並在

+ 圖 2-30：韓戰末期中美軍所使用的 M4A3E8（W）通常也被稱爲是「簡易八號「（Easy
Eight），搭載加寬的履帶、有砲口制退器的 76.2mm 主砲。（Photo/ 黃竣民攝）

+ 圖 2-31 ：在 2014 年的電影《怒火特攻隊》（Fury）中，所使用的 M4A2E8「雪曼」戰
車，電影情節中也很符合當時美軍裝甲兵的感受：面對「虎」式戰車你得 5 打 1 才行！
（Photo/ 黃竣民攝）

朝鮮戰爭、越南戰爭和許多其他戰爭中服役。而蘇俄還是它
的第三大使用國家，綜合紅軍官兵對它的使用評價，他們對
「雪曼」戰車的可靠性、人員生存性、火力與後勤維修上表
示讚許，但在東線冬季的泥濘地形下，由於履帶的接地壓力
造成越野機動性較差，車高也容易造成高速行駛時重心不穩
外，似乎也沒有什麼好挑剔的了。但可議的事是世界大戰打
完後，緊接著上演民主與共產集團的對峙，而當初軍援給蘇
俄的這一批「雪曼」戰車，卻被史達林轉送到各地的共產黨
部隊手上，因此即便二戰已結束，在世界各地所爆發的軍事

衝突中，有很長的一段時間都仍然可以見到它的身影，包括國共內戰和之後的韓戰、中東戰爭…。而它驚人的服役壽命，一直到 2018 年巴拉圭陸軍的「總統護衛團」（Presidential Escort Regiment）除役，才畫下它在世界上服役的句號。

　　M4「雪曼」戰車除了成功地扛起了盟軍在地面戰對抗納粹德國戰車的重任外，其優異的底盤也成為眾多衍生功能車款的實用載台，而且在英國、加拿大、澳大利亞…等國的軍隊中，都可以見到所需的改裝版本推出，款式還比美國本身的還要多，也算是另一種奇蹟！例如：二戰末期英軍改裝的「螢火蟲」（Firefly）戰車，有一段時間它是唯一能夠對抗「虎」式戰車的車款，因為它改安裝了一門英軍的 17 磅砲；而當時沒有英軍戰車的底盤能夠承受這一門砲的後座力。

◆ M6 重型戰車

　　雖然在第一次世界大戰時，美國曾經購入一百輛英國的「馬克Ⅷ」型重戰車，但這一批在戰後更換發動機後改名為「自由」的重型戰車，在 1920 年代幾乎沒有什麼存在感，因為美國回到孤立主義的大環境，政府對於軍備的投入與關注程度大幅縮減，連維護那一堆戰後所留下來的裝甲車輛都很困難了，遑論要研製新型的裝甲車輛，更別說是對於新型重

型戰車的需求；於是美國在 1934 年終於將這一批一戰時期的「大型金屬垃圾」給全數除役，甚至在 1936 年時陸軍已經找不到重型戰車的準則教範了！

當希特勒對波蘭展開快速打擊的軍事行動後，一場嶄新戰術型態的戰爭才讓世界覺醒，德軍的裝甲部隊在宣傳的推波助瀾下，被塑造成無堅不摧的模樣，儘管他們的主力戰車根本都是以輕型戰車為核心、中型戰車所佔的比例並不高。藉由空軍的配合，德國裝甲部隊的指揮官採用大膽的穿插、迂迴戰術，取得了驚人的戰果；但是他們面對當時法國的 B1 重戰車或是英國的「瑪蒂達 II」（Matilda II）型步兵戰車後就慌了，因為車裝主砲與主力的 37mm 戰防砲根本起不了作用。這樣的戰場觀察，終於敲醒了原本美國人普遍的認知，因為除了國防經費有限的問題外，當時他們主流地認定輕型和中型戰車在未來戰爭就很夠用了，而這些對於工業能力雄厚的美國而言，生產這些戰車根本是輕而易舉。

隨著局勢的翻轉，德軍的攻勢銳不可檔，才改變了美國人也有研製重型戰車（裝甲厚度需超過 2 吋）的觀念，這一個需求推升出 M6 重型戰車的研發計畫。由於有報導指出德軍已研製出新的重型戰車，而人民也意識到美國對於歐洲新一輪的戰爭根本缺乏準備，因此國會才緊急增加對軍隊的撥款，加速軍械部門對於重型戰車的研製作業。

　　原本提報的重型戰車有 50 噸（外型類似 M2 中型戰車）和 80 噸的選項，設計是採用多砲塔的方案，後來定案為走 50 噸的路線，而兩個主砲塔、各安裝一門 75mm 砲，每個砲塔的射界有 250°的水平範圍。在這兩個主砲塔上還各有副砲塔，分別安裝了 37mm 和 20mm 的副砲，並能 360°旋轉。這個多砲塔的鋼鐵怪物於 7 月獲得批准，但才過幾個月而已，10 月就推翻了先前的規格。新的規格取消了多砲塔的設計，而改以安裝一個大型的 3 人砲塔（砲塔環直徑 1,752mm），並將 76.2mm 的主砲（備彈 75 發）與 37mm 的副砲（備彈 202 發）安裝其中，可採用手動 / 電動轉動方式進行全圓式的迴轉，火砲並配有陀螺儀以提高射擊時的穩定度。此外在副武裝方面還設有 4 挺機槍以提供近戰防禦與對空射擊用，全車的乘員編組從 7 人減為 6 人，初期由位於賓州的「鮑德溫機車廠」（BLM）簽訂了生產合約，先設計和生產第一批試驗車型，並下達了第一批將採購 50 輛的訂單。

　　由於戰爭的壓力遽增，英國的需求與後來美國的參戰，讓重型戰車的研製案幾乎演變成「盲目地加速」，軍械部門以 M3「李」中型戰車為例的心態，此刻也用在這一個研製項目案，認為先求有再說，待發現問題或設計缺陷後再行修正調整，這個方式雖然在戰時成功地讓 M3「李」中型戰車成為過渡產品，但是用在重型戰車的研製案上卻失敗了。當

原型車的 T1E2（鑄造車體）跟 T1E3（焊接車體）推出並接受測評後，在 1942 年 4 月時就正式接受訂製生產，次月它們分別被定名為 M6 和 M6A1 重型戰車，最初的預算將採購上千輛，最終採購數量更訂為 5 千輛。1942 年初，軍械部還曾樂觀地設定了每個月需要 250 輛的量產目標，並挑選「費雪戰車兵工廠」（FTA）將作為第二家共同生產的承包商，以滿足陸軍計畫中要擴張的規模。

　　但計畫趕不上變化，1942 年 9 月份由於新的陸軍採購計劃對於裝甲部隊的需求發生變化，當 M6 準備投入生產時，

+ 圖 2-32：德弗斯擔任裝甲兵兵監時，曾大力反對研製 M6 重型戰車案，並力推穩定、可靠的 M4「雪曼」中型戰車。（Photo/ U.S. Army）

+ 圖 2-33：M6 重型戰車的武裝可見在砲塔的 75mm、37mm 砲，觀測窗旁邊的雙孔是安裝 2 挺 .50 機槍用。（Photo/ 黃竣民攝）

裝甲兵已經對該計畫失去了興趣，而且對飛機的需求比重型戰車更優先，於是該訂單被減為僅剩下 115 輛。時任美國「諾克斯堡」（Fort Knox）裝甲兵兵監的雅各布・勞克斯・德弗斯（Jacob Loucks Devers）將軍，當初就對於 M6 重型戰車頗有怨言，他先前曾於 1941 年 12 月表示：「由於重型戰車重量過重且戰術用途有限，裝甲部隊不需要重型戰車，因為就算重型戰車主砲的威力增加，也無法彌補鈍重裝甲不靈活的缺點。」

　　到了 1942 年的年底，裝甲兵認為由於新型的 M4「雪曼」中型戰車的表現不俗，在各戰線上也都頗受好評，認為眼前的戰事或可見的未來它們仍然可以擔負重任，而且它便宜可靠、又便於運輸與機動部署，就運用彈性上強很多。因此 M6 重型戰車的未來越形黯淡，到了 1943 年時軍械部門再次調降量產目標，

+ 圖 2-34：這輛已缺履帶的 T1E1 型鑄造車體，是目前唯一存在的 M6 重型戰車實車，它在後來擔任 90mm 主砲的試驗車。（Photo/ 黃竣民攝）

這一次直接砍單到只剩 40 輛了。在 1944 年年底時，M6 重型戰車更直接被宣布是過時的產品，等於美國繞了 4 年的時間只打造出了一堆重型廢鐵等著被報廢，因為 M6 重型戰車它們從未跨出過美國本土一步。

對比 M6 重型戰車與 M4 中型戰車，在火力上的火砲威力相差很小、防護力上或許有所提高，但這是犧牲機動力所換來，然而它的輪廓高、車內布局亂、結構可靠性差、許多地形受限制（如橋樑）、後勤問題更是複雜，成了一款弊大於利的不受歡迎產品。誠如德弗斯將軍反應出裝甲部隊的觀點，「最好運兩輛 30 噸級的中型戰車來，也不要搞一輛 60 噸級的重型戰車。」

M6 重型戰車案取消後，這一批厚重的大傢伙既無法成為訓練基地的教具，只能集中編成一個單位留在「諾克斯堡」或「亞伯丁試驗場」（APG）進行長期的相關試驗，以找出任何組件在未來可能的潛在價值。少數只能成為國內宣傳的工具，配合政府為戰爭期間發行的債券認購活動進行表演，最後都只能面臨被報廢的命運；僅剩一輛被留存下來。

如果說這一批 M6 重型戰車在極其有限的壽命內，無法在戰場上跟德軍的重型戰車對戰衝殺是一種遺憾，那它能夠在後續被當作是測試平台的角色中，貢獻出最有價值的測試

項目應該要算是 90mm 砲了。因此在一輛 T1E1 的重型戰車上安裝了一門 T7 型 90mm 砲，而且測試的結果令人滿意，只需要在砲塔進行細部的調整即可，這樣的經驗數據有助於美軍研製後續新一代的戰車使用，也算是一種剩餘價值。

◆ M22「蝗蟲」空降戰車

如果談論到空降戰車，或許讀者首先會聯想到的是俄系的 BMD 家族、德國的「鼬鼠」（Wiesel）、還是美國的 M551「謝里登」（Sheridan）呢？其實早在 1941 年，美國就接受當時英國的請求，協助其開發並生產一款輕型的空降戰車，而這一個研製項目最終端出來的成品，就是名為 M22「蝗蟲」（Locust）式輕型戰車。

當納粹德國的鐵蹄橫掃歐陸，大批英軍從敦克爾克丟盔棄甲地逃回英國後，邱吉爾的處境雖然艱難，卻仍然想方設法地積極備戰，包括成立空降部隊（第 1 空降師），但他們需要一款重量在 9-10 噸的輕型戰車，來取代原先的「領主」（Tetrarch）式輕型戰車。新型的空降戰車必須能透過運輸機或滑翔機空運的方式，給要在敵後實施空降作戰的傘兵部隊使用。這樣的需求或許很有遠見，但當時英國的資源情況已經不允許在國內生產，只能求助於美國協助。於是美國軍械

部門接受了開發該款空降戰車的任務，並委託三家美國公司：「通用汽車」（GM）、「克里斯蒂」（Christie）和「馬蒙 - 赫林頓」（Marmon-Herrington）進行設計；最後由「馬蒙 - 赫林頓」的設計取得訂單，並於 1943 年 4 月開始生產。

　　然而後續在生產的過程中發現了一些設計上的瑕疵，因而導致生產作業被延宕外，總產量的需求也被降低，直到生產線要大幅量產時，戰爭的態勢已經變得明朗，反而當時那樣的設計被認為已經落伍了，因此在 1945 年 2 月就將生產線給停止了，總共生產了 8 百多輛。這當中英國透過《租借法案》取得了 260 輛，其餘還是配發給美國部隊使用；甚至後來還成立了 2 支實驗部隊（第 151 空降戰車連、第 28 空

+ 圖 2-35：二戰時的攻守易位，讓延宕出產的 M22「蝗蟲」式輕型戰車有一推出就已落伍的感慨。（Photo/ 劉同禮攝）

降戰車營），但部隊的結局與試驗的狀況都並不是很理想。

美國本身的測試都發現M22「蝗蟲」空降戰車充滿缺陷，不管是引擎和傳動系統的機件、車裝武器的威力與射擊觀測、裝甲防護的配置…都讓人感到失望。尤其是在所謂「空降戰車」的功能定位上更是無法匹配，因為它的裝卸作業都太複雜費時了。[17]試驗指出，如果要將一輛M22「蝗蟲」空降戰車裝載進C-54「天空霸主」（Skymaster）運輸機，得需要6名士兵花費24分鐘的時間，其中還涉及得使用複雜的設備才行；而卸下它也需要花上大約10分鐘的時間。這意味著在這段卸貨期間的戰車和飛機都是敵人火力的絕佳目標，而且空降場地必須夠大到讓多架運輸機或滑翔機同時作業，這讓空降作戰又增加了難度，因為得在它們著陸前派兵佔領。

儘管「蝗蟲」空降戰車在可靠性和耐用度方面都存在問題，英軍還是得接收這一批輕型戰車，以替補原先的空降戰車用。後來在戰場上接受實戰的檢驗中，也證實了「蝗蟲」輕型戰車的致命問題，在唯一一場「代表隊行動」（Operation Varsity）的實戰中，英軍「第6空降裝甲偵察團」使用了它們，卻在後續的報告中將它批評為過時的產品。

17　裝載時的「蝗蟲」戰車必須將車體與砲塔分離，這種方法在野戰狀況下實在很不理想！

　　這一款美國有史以來量產的迷你版戰車之一，雖然速度很快；搭載 165 匹馬力的「萊康明」（Lycoming）O-435T 水平對臥六缸汽油引擎，時速可達 60 公里以上，想藉此優勢抵銷裝甲薄弱的缺點，但二戰初期已經證明這樣的設計邏輯是不切實際。

　　M22「蝗蟲」空降戰車是美國有史以來建造的最小的戰車之一，但它仍然得塞進 3 名的車組人員共同作戰，其中車長得兼任裝填手的角色，與射手一起位於砲塔內作業，操作那一門威力不足的 37mm 砲，隨著砲塔旋轉機制的拆除，砲塔的轉動得靠手搖方式不僅費力又耗時。而駕駛手位於車體右側，操縱著穩定度差的變速箱所導致的故障頻繁，讓該車

＋ 圖 2-36：M22「蝗蟲」式輕型戰車的缺陷過多，實戰紀錄不佳，很快就被淘汰。（Photo/ 黃竣民攝）

款躺在維修場的時間大過使用時間，成為一款名符其實的「車間戰車」。

　　儘管 M22「蝗蟲」空降戰車短暫的服役生涯歷經了許多設計上的失敗，戰後也很快從美軍和英軍中銷聲匿跡，但是它最大的貢獻在於成為美國未來的空中機動戰車計畫的墊腳石，後來美軍的空降部隊也終於有了像樣的空降戰車，這一點倒是從它身上獲得到很多的經驗與教訓。

◆ M24「霞飛」輕型戰車

　　當 1942 年末，美國本身的戰車部隊首次與德國和義大利戰車在北非戰場對峙時，馬上就讓美國人嚴肅地得面對旗下數量眾多的輕型戰車根本只是戰場垃圾的製造者，這些為數超過 2 萬輛裝備著 37mm 砲的 M3/M5「斯圖亞特」輕型戰車，真正面對德軍的主力戰車時根本完全使不上力，這也是英軍與德軍交手後，其戰車裝備的火砲口徑從 37mm 直上57mm、76mm 的原因。而德國呢？在二戰中期早就認清輕型戰車根本沒有戰場價值的事實，開戰初期會有那麼多的「Ⅰ號」、「Ⅱ號」戰車，純粹受制於《凡爾賽條約》的發展限制，一旦情勢不同之後德軍馬上停止生產那些皮薄、火力小的傳統輕型戰車，而蘇聯也緊隨其後，在 1943 年秋天以後也不再

生產 T-26 或 BT 系列的輕型戰車了。

　　但當時美國的設計思路卻迥異，成為還是唯一堅持要繼續研製輕型戰車的主要戰車生產國，儘管在這開發的過程當中遭遇失敗，曾走到研製的死胡同，依舊無法改變美國輕型戰車逐漸過時的事實。但是不可否認，輕型戰車相較於當時美軍主力的 M4 中型戰車而言更便宜、數量可以裝備更多，讓裝甲部隊看起來感覺數量龐大。雖然多個國家的軍用車輛也開始朝「小車扛大砲」的設計概念發展，但當時美國的火砲發展根本跟不上裝甲車，光是 T2E1 輕型戰車的概念到最終開發出 M5A1 輕型戰車就搞了 8 年。儘管 M5「斯圖亞特」

＋ 圖 2-37 ：M24 輕型戰車較便宜、數量可以裝備更多，讓裝甲部隊看起來感覺數量龐大。（Photo/ 黃竣民攝）

已經能算是同類中最強大的車款了，在大量裝備給盟軍使用
時，它的速度快，但裝甲薄、火砲口徑也小，如果沒有遇上
德軍這類的水準的敵手，依舊能在歐洲以外的戰場狐假虎威，
這某種程度上或許也是讓美國人無法逃脫在研製下一代輕型
戰車時，想擁有中型戰車裝甲防護水準和火力配備的誘惑；
而這一個產品，便是被譽為二戰中最好的輕型戰車—M24「霞
飛」（Chaffee）輕型戰車。

　　然而 M24「霞飛」輕型戰車的研製過程並不順利，它先
後陷入於 T7 中型戰車與 T21 輕型戰車的研製風暴中。首先
是 T7 中型戰車的開發案，最初是想研製 M3/M5「斯圖亞特」

+ 圖 2-38：M24 輕型戰車用美國裝
甲兵的霞飛將軍命名，以紀念他為
美國陸軍在裝甲與機械化發展上的
卓越貢獻。（Photo/US Army）

+ 圖 2-39：1945 年柏林勝利大閱兵行列中
的 M24 輕型戰車編隊，儘管它對戰爭的貢
獻度極低。（Photo/IWM）

輕型戰車的火力升級品，然而卻演變成為一款「四不像」的災難產品 M7，而不被軍械委員會接受，因為有 M4「雪曼」中型戰車了。1942 年 8 月中旬，軍械部和裝甲部隊的代表們在諾克斯堡召開會議，針對新型的輕型戰車規格做研討，於是決定以試驗型的 T20 中型戰車進行減重為手段（從 29 噸減至 21 噸），來做為下一款輕型戰車 T21 的基礎。但是軍械委員會很快就發現到 T21 輕型戰車的發展路徑似乎與前者（M7 中型戰車）走入相同的死胡同，因此該計畫就被喊卡了。

儘管遭遇了前案的屢次失敗，但美軍對於裝甲更好、火砲威力更強的輕型戰車依舊情有獨鍾，因此軍械部找來生產 M5 輕型戰車系列的製造商「凱迪拉克」合作，希望能設計出一款全新的輕型戰車，包括能套用先前戰車在試驗中所獲得的各項新技術。因為「凱迪拉克」公司於 1942 年在底特律成立了「戰車汽車中心」（Tank-automotive Center），以約瑟夫·科爾比（Joseph Colby）退役准將為首的一批設計師，他們也就是研製美軍驅逐戰車的幕後推手。這項工作於 1943 年 3 月開展，次（4）月的 T24 輕型戰車研製計畫案便獲得陸軍的批准，很快的在 10 月中旬就交付第一輛的試驗車。由於凱迪拉克先前沒有設計戰車的經驗，因此最快的速度就是最大限度地使用現有 M5 輕型戰車的組件（如動力裝置和變速箱），並努力將車輛重量控制在 20 噸以下。

不過 T24 被認為是成功的設計，因此軍械部立即簽訂了一份 1 千輛的合約；隨後該數字增加至 5 千輛，以全面代替 M5A1 輕型戰車。儘管它在後續的測評中出現懸吊、引擎和變速箱的許多問題，後續也在一項 4 千多公里的長途試驗中，只能邊找出問題、邊進行修正，重點是採購計畫還是開了綠燈！生產線於 1944 年開始量產，正式的型號為 M24「霞飛」（Chaffee）[18] 輕型戰車。它是在兩個地點進行生產；「凱迪拉克」從 4 月開始，密爾瓦基的「梅西 - 哈里斯」（Massey-Harris）工廠則是從 7 月開始。到 1945 年 8 月停止生產時，已生產超過 4,700 輛的 M24 輕型戰車。

這款以焊接車體、鑄造砲塔組成的新型戰車，它有一個創新複雜的外形，儘管裝甲厚度改進不大，但是在某種程度上透過傾斜裝甲（正面和側面）的設計提升了一些防護力。砲塔的設計為可容納 3 人作業，砲塔環放大至 1,524mm，以安裝這一門專為 B-25「米契爾」（Mitchell）轟炸機上所設計搭載的 M5 型 75mm 砲（備彈 48 發）；它的重量輕、後座力較小。由於增加了液壓砲塔的轉向裝置，讓它只需要 15 秒即可完成一圈的迴旋（手動則需要 95 秒）。M24 不僅坐

---

18 以 1940 年美國裝甲部隊總司令：小阿德納・羅曼扎・霞飛（Adna Romanza Chaffee Jr.）將軍的名字命名。

感舒適，駕駛起來也很方便，駕駛手在操縱時不需要太花費力氣在操縱桿上、射手在追瞄目標時調整火砲也一樣輕鬆。即便它的噸位與外型放大了，造成引擎的推重比略為下滑（M5A1 為 19.5 匹馬力 / 噸，M24 則為 16.08 匹馬力 / 噸），但仍不失作為一款輕型戰車所需要的高速機動力。

　　這些新版的 M24 輕型戰車於 1944 年末開始運抵德國，少量車還參與了冬季的「突出部戰役」（Battle of the Bulge），但是前線部隊接裝的速度仍然進展緩慢，因此到戰爭結束時，美軍許多裝甲師的輕型戰車連依然操作著 M3/M5「斯圖亞特」輕型戰車。也因為 M24 輕型戰車參戰的數量太

+ 圖 2-40：M24 輕型戰車上的 75mm 砲，可是專為 B-25「米契爾」轟炸機上所設計用的一種輕量、短後座力的火砲。（Photo/Howard Tsai）

少，對於擊敗德國的貢獻度而言幾乎微乎其微，更無法及時
替代裝甲師老舊的輕型戰車，倒是在 1945 年的勝利大閱兵活
動中成隊列的展示。

二戰的終結也代表著 M24「霞飛」輕型戰車即將停產，
雖然它們在二戰時太晚登場，但是這些戰車卻在 5 年後被投
入在韓戰中，它們在那裏艱難地對抗北韓的 T-34/85 戰車，
扮演著「偽中型戰車」的角色，但是戰果卻不是那麼理想。
韓戰後，美國汰除該款輕型戰車，轉而接收新型的 M41 輕型
戰車，並將它們輸出給英國、法國…等超過二十個盟國陸軍
使用；而台灣也是其中之一，前後接收了將近 3 百輛。國軍
對這一些 M24 輕型戰車後來也進行過一系列的改良和升級作
業，這些包括：引擎和傳動裝置、取消副駕駛手和其車前機

+ 圖 2-41：陳列在裝甲騎兵營營舍外的 M24 輕型戰車，對
於裝騎單位而言有其歷史意義。（Photo/ 黃竣民攝）

槍、換裝 90mm 的主砲…等，讓這一款獲得二戰最佳輕型戰車頭銜的傳奇性戰車得以再戰快半個世紀；有些國家將其服役到了 21 世紀！國軍在將它們退役之後，許多還部署到外島的第一線據點，將其用作固定式的要塞火砲使用；筆者在金門服役時的連隊內就有好幾輛。

不得不說，美國的戰車設計師放棄了對更多裝甲的追求，轉而關注在其他的參數上，所研製出來的這一款成功的輕型偵察戰車，讓它在同級戰車中具有良好的機動性和火力，價格便宜也好維修，它之所以能夠如此地長壽（在烏拉圭陸軍甚至服役到 2019 年才退役），足見這一項輕型戰車開發案的成功。

◆ M26「潘興」重型戰車

有鑑於 M6 重型戰車研製案的失敗，美軍在歐洲戰場上面對德軍的重戰車，如果沒有制空權的掩護下幾乎都打得很慘烈，或許 M4「雪曼」在 1942 年登場時擁有絕對的優勢，在 1943 年時跟德軍對戰時已經落得只能平手，進入 1944 年則就已經屈居下風了，雖然當時主導裝甲兵的高層認為可以透過 M10「狼獾」（Wolverine）、M18（Hellcat）驅逐戰車，與升級 M4「雪曼」戰車的火砲取得平衡，但是這些權宜之

計後來證明還是不保險，於是拖到 1944 年的秋天，嶄新的一款 M26 型戰車才被決定量產。

　　其實由 T20 研製案最終衍生而成的 M26 早在 1942 年就被提出，並作為 M4「雪曼」戰車的升級版，噸位也沒有達到重型戰車的標準（40 噸），因此它們會具有許多共同的特徵（包括懸吊、轉向機構、負重輪、回程滾輪、驅動鏈輪和惰輪），但是當 T20 的模型在 1942 年 5 月推出後，陸軍的軍械部門卻還下令要開發所謂的 M6 重型戰車。儘管如此，從 T20 的原型車開始，研製人員就不斷地嘗試「艾里森」（Allison）變速箱、電氣系統、鑄造砲塔、引擎、彈簧懸吊、

+ 圖 2-42：T26E1 原型車就是量產版 M26（T26E3）的原型版。（Photo/ 黃竣民攝）

扭力桿系統…甚至是自動裝彈機，因此一路延伸的試驗型號到了 T26E3 才被設計定型，最終成為標準化的 M26 戰車。

　　雖然當時美國裝甲兵的兵監因為重量、尺寸、動力、火力…等缺陷，否決了 M6 重型戰車的未來生存，但美軍如果要繼續對抗「虎」式之輩的重型「動物家族」成員，還是需要有一款火力更強的戰車；而不是小車扛大砲之類的驅逐戰車。於是身為裝甲兵兵監的德弗斯將軍和一批擁有戰車經驗的指揮官，才成功地說服小喬治・卡特萊特・馬歇爾（George Catlett Marshall, Jr.），他們需要一款比 M3「李」和 M4「雪曼」戰車擁有更厚裝甲和更強火力的戰車，這才讓陸軍訂購了 250 輛的 M26「潘興」戰車。

　　然而當時手握大權的「地面部隊」（Army Ground Forces, AGF）[19] 負責人萊斯利・詹姆斯・麥克奈爾（Lesley James McNair）卻持反對意見，他認為 M4「雪曼」戰車已經足夠，理由主要是：驅逐戰車與 M4 是使用相同的底盤、共用相同的零件，換裝 76mm 的主砲即可在火力上獲得升級，不僅簡易也更經濟。未經過完整測試的新型戰車投入戰場，所需的新零件與不穩定性恐將成為後勤的沉重壓力；而

---

19 1942 年 3 月，美國陸軍取消了總司令部的組織，轉而設立三個職能司令部：「陸軍地面部隊」（AGF），「陸軍航空隊」（AAF）、「陸軍勤務部隊」（ASF）。

這條長達 4,800 公里的補給線，從諾曼第登陸後就變得至關重要。還有「陸軍地面部隊」與「裝甲部隊兵監」之間對於 90mm 砲要使用在新／舊戰車上的紛爭。他的推論是配備更大口徑火砲的重型戰車，會發生正面對戰的情況是不太可能出現。就這樣即使美軍在戰場上零星遭遇數量有限的「虎」式和「豹」式戰車，美國本土也沒有即時下達研究新型號戰車的命令，反而將時間浪費在研究新的電傳裝置上，直到諾曼第登陸之後，美國才開始積極地要研製出新型戰車。這也

+ 圖 2-43：麥克奈爾認為運用驅逐戰車與更換 M4「雪曼」戰車上的火力，足以抵銷德軍重型戰車的優勢，加上後勤通用性上的考量，讓他成為後人批評是拖延 M26「潘興」戰車量產的元凶。（Photo/U.S. Army）

+ 圖 2-44 ：M26「潘興」戰車裝備了 M3 型 53 倍徑的 90mm 砲，火砲的實際穿甲能力依舊無法超越德軍「虎」式戰車上的 88mm 砲。（Photo/ 黃竣民攝）

就是 T26E3 型號儘管早在 1944 年 3 月就完成最終測試並定型，也確定成為標準化的 M26「潘興」戰車時，卻一直苦等到當年的 11 月時才在「費雪戰車兵工廠」實際展開生產作業。而首月也只交出了 10 輛、次月增為 32 輛、1945 年 1 月在增至 70 輛、2 月在增至 132 輛…。

不得不說，M26「潘興」戰車與先前推出的美系戰車型號相比，可以算是一種革命性的產品了，新式引擎和短變速箱的搭配，使其外觀的輪廓遠比 M6 重型戰車低調、厚實的車體前方傾斜裝甲提供極佳的保護、結構更簡單的扭力桿懸吊系統，則能提供更舒適的行駛體驗、軟鋼製的寬履帶能降低接地壓力，並在鬆軟的地形上發揮出更好的抓地力，搭載一門 53 倍徑的 90mm 砲，更是高射砲的直接改版（與德軍的 88mm 砲類似），官兵們稱它是「開罐器」（Can-opener）、在車尾引擎室後的裝甲箱內還裝有步兵電話，開啟了在戰鬥中步兵也可以與戰車進行通信，以指示目標獲得近距離火力支援，大幅強化步戰協同的能力…。但它也不是沒有缺點，因為噸位的大幅增加，造成引擎的推重比較「雪曼」戰車差，因此在越野機動力上就沒那麼敏捷。

為了讓 M26 戰車盡快投入作戰的過程，也充滿了令人難以理解的轉折，因為當時第一批 40 輛下生產線的 M26 戰車，「陸軍地面部隊」表示得在運往海外之前必須先完成相

關的測試，但格拉迪恩・馬庫斯・巴恩斯（Gladeon Marcus Barnes）將軍卻不想再苦等下去，於是他與裝甲部隊準則發展部門發起了一項名為「斑馬任務」（Zebra Mission）的前運行動，將第一批的 20 輛運往「諾克斯堡」進行相關測試；另外的 20 輛則運往西歐，直接在比利時的安特衛普（Antwerp）港下卸組裝，在分別交付第 3、9 裝甲師各 10 輛，當時已經是 1945 年 1 月了。第一批操作該型號戰車的車組人員，在經過一個月的換裝訓練與嚴格考核後，才在 2 月底投入首次的戰鬥，並在埃爾斯多夫（Elsdorf）出現首次的傷亡；3 月 6 日更在科隆（Köln）大教堂附近上演了一場名垂

+ 圖 2-45：擔任軍械研究工程部門主任的巴恩斯將軍，是 M26「潘興」戰車能夠在歐戰結束前參戰的主要幕後推手。（Photo/U.S. Army）

+ 圖 2-46：M26「潘興」戰車沒能趕在二戰中發揮關鍵性的實力，倒是在韓戰中做了輝煌的謝幕。（Photo/ 黃竣民攝）

青史的「戰車對戰秀」。[20] 儘管後來開下生產線的 M26「潘興」戰車，在終戰前大約有超過 300 輛被運上了歐洲戰場，但盟軍此時已經勝利在望，也實在沒有像樣的大仗、硬仗可打了。

後來在底特律戰車兵工廠也加入生產該型戰車的行列，於 1945 年 3 月後的產量又再增加一些，之後的每個月大約有 200 輛「潘興」戰車開出工廠，總共生產超過 2,200 輛；其中很多是在二戰之後還陸續生產的。不管出於任何的理由，「潘興」戰車的延遲登場讓這種產品對戰爭幾乎沒有助益，因此有關於「潘興」戰車的價值爭論，一直是「陸軍地面部隊」與軍械設計部門之間的衝突與折衷，兩者之間很難會有一致的看法。最後連巴頓都不得不感嘆地說：「軍械部門花了太長的時間，以犧牲官兵的生命為代價來追求戰車的完美…」。因此，如果當時將戰車開發的首要任務是消除 M4「雪曼」的弱點，然後對其修改以換裝用 90mm 砲，這樣德軍就會更早被擊潰嗎？

其實美國當時就認為光憑 45 噸重的 M26「潘興」戰車，並不足以抗衡德軍重達 70 噸的「虎王」重戰車，因此也同時研發 T29 和 T34 重型戰車。T29 重型戰車幾乎就是「潘

---

20 M26「潘興」戰車與「豹」式戰車在科隆大教堂旁的對戰過程，剛好被陸軍的戰地攝影師給拍攝下來，迄今仍可在網路上觀看。

+ 圖 2-47 ：T29E2 重型戰車沒能來得及投入二戰，但是它的開發提供工程師們實驗兵工理論和測試車體零部件的機會。（Photo/ 黃竣民攝）

興」戰車的加長版，在大型砲塔上安裝一門高初速的 T5 型 105mm 砲，砲塔兩側各安裝了一台測距儀為其外觀特徵，採用更大功率的新版「福特」GAC 引擎，能輸出 770 馬力，因此不論是在體型、裝甲厚度與火砲的威力上均能壓制德國「虎王」為目標。隨著歐戰的結束，原本還寄望於進攻日本時能派上用場，但戰爭的進程比研發的腳步還快，後來這些少量被製造出來的原型車只能躺在博物館裡了。

　　到了 1945 年初，美國的「軍械部」開始有了越來越瘋狂的想法，在 T26E3 底盤的加長版本上，使用大型的砲塔好

+ 圖 2-48：外型相似度高的 T30（右）跟 T34（左）重型戰車，後來都沒能量產。
（Photo/BlakeRichard00）

安裝更大口徑的火砲，以輾壓德軍的重型戰車，於是也造出
了 T30 跟 T34 重型戰車。看到它們的噸位跟火力，絕對不會
忽視美國人期望要跟納粹德國最後的鋼鐵巨獸一搏的決心，
初期的 T30 裝配一門低速 155mm 砲；T34 則是 T53 型 60
倍徑的 120mm 砲，這一門由高射砲改良而成的戰車砲，穿
甲能力比 155mm 砲還強，所以後來乾脆將這兩款重型戰車
都換裝成這一門 120mm 的主砲。只可惜後來的研製工程遭
遇窒礙，拖到戰後的 1947 年才進行測試，但結果都不怎麼完
善，因此這款超過 65 噸的重型戰車無法獲得青睞，沒有了訂
單只好不了了之。美國的重型戰車發展並未因此而畫下句點，

戰後仍然以此為基礎，成功打造出量產版的 M103 重型戰車。

　　雖然 M26「潘興」戰車沒有機會在歐洲大展身手，但是在二戰後的朝鮮半島或許才是它有限生命中還能發揮餘光的戰場。二戰結束後，M26「潘興」戰車的分類從重型戰車改為中型戰車，並被保留了下來，有些還跟戰後生產的進行過升級而成為 M26A1 型，主要是換裝了更有效率的 M3A1 型 90mm 主砲。當 1950 年年中韓戰爆發後，初期美軍發現駐在遠東的 M24「霞飛」（Chaffee）輕型戰車難以應付蘇聯援助給北韓的大量 T-34/85 型戰車，儘管後續派上戰場的美軍步兵師越來越多，但裝備的卻仍是最新型的 M4「雪曼」中型戰車，因此大量的 M26「潘興」戰車被完成修復後前運，截至 1950 年底就約有 3 百輛的「潘興」戰車抵達韓國。然而該說是再一次的時不予我，因為在絕對空優下，到了當年年底時北韓的 T-34 戰車已經被消耗得差不多了，想要發生戰車對戰的機會大幅減少，它們的任務反而又轉到為步兵提供火力支援；再者，地形上實在也難以爆發大規模的戰車戰。

　　「潘興」在朝鮮半島上摧毀了大量俄系裝甲車輛，除了 T-34/85 外，還包括 SU-76 和 SU-85 突擊砲，這些俄系戰車根本不是對手。根據美軍戰後的統計，在韓戰期間美軍投入的戰車中，擊殺北韓裝甲目標最高的前三名為：M4A3（50%）、M26（32%）、M46（10%）；然而在敵我交換比上，M26A1「潘

興」戰車就顯現出它的價值，它的綜合實力估計是 M4A3E8
「雪曼」的 3.05 倍。韓戰告一段落後，也宣告「潘興」戰車
在軍旅的結束，因為它的後繼車款已經逐步完成接替。

第三章

兩大陣營對峙
期間的發展
（1919-1945 年）

　　比一戰更慘烈的第二次世界大戰結束後，原本各國戰後重建的議題就大於軍備發展的國際大環境，殊不料在「民主」與「共產」兩大陣營的激烈對抗下，很快又形成另一種型態的對峙，甚至不到 5 年，美、蘇就撕破臉地在朝鮮半島上演代理人的戰爭，隨後也就演變出數十年的「冷戰」。

　　有賴韓戰的爆發，或許才又讓美國的軍備有了再復興的機會！因為在 1948 年時，美國陸軍中只保留 10 個現役的正規師；而先前為二戰所組建的 16 個裝甲師中，只剩下第 2 裝甲師維持現役，而且還是處於減員而非滿編的狀態，裝甲部隊再次被縮減到只剩下基幹的規模。同樣的慘狀也反映在裝備上，美國戰後擁有 2.8 萬輛的各型戰車，到了 1950 年時已降到僅剩 6 千輛可用的規模。由於作戰戰車數量大減，由退役少將歐內斯特・納森・哈蒙（Ernest Nason Harmon）擔任主席的陸軍野戰部隊裝甲諮詢小組，曾在 1949 年 2 月發布一份報告，即宣稱美國如果面臨緊急狀況，至少兩年半內會沒有足夠的戰車來支撐一場重大的地面衝突。另外從質量分析，美國陸軍當時的戰車無論是在數量與質量上，已經難以和當時蘇聯推出的新型戰車匹配，而再開發一款新型的戰車到量產，大約也需要三年的時間才能實現。

　　雖然 1950 年 6 月底通過了陸軍組織法，正式將裝甲兵成為陸軍的常設兵科，反而宣告騎兵官科的沒落並從此失去

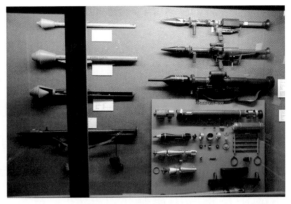

+ 圖 3-1：擔任裝甲諮詢
小組主席的哈蒙少將當
時提交的報告，馬上在
1950 年的韓戰被應驗了。
（Photo/US Army）

+ 圖 3-2：單兵就能操作的反戰車兵器便宜又容易生
產，爲二戰後的戰車價值再度造成另一波的衝擊。
（Photo/ 黃竣民攝）

了獨立性。雖然 1940 年代中期的許多研究報告都顯示出：
「最好的反戰車武器就是更好的戰車」這樣的論點，但在
第二次世界大戰中，手持式火箭發射器發射成形裝藥，例
如美國的「巴祖卡」（Bazooka）火箭筒、德國的「鐵拳」
（Panzerfaust）和「戰車殺手」（Panzerschreck）和英國的
「PIAT」（Projector, Infantry, Anti Tank）等，已經能使單
兵具備擊毀戰車的能力，那些薄皮的自走式反戰車砲車已經
沒有必要繼續存在（戰時的最高峰有 220 個驅逐戰車營）；
而牽引式反戰車砲更是完全落伍了。這種小兵立大功的作戰
潛力迅速在各國軍隊中擴散，以西歐和義大利戰場的統計而
言，成形裝藥的武器所造成盟軍戰車的毀傷，從 1944 年初到

1945 年春天為止已經從 10% 增為 25%-35% 了。難怪連當時的陸軍部長：小法蘭克・佩斯（Frank Pace Jr.）於 1950 年初公開宣布～「戰車已經過時」！

然而就在佩斯發表聲明後不久，北韓軍隊揮軍南下，徹底打破即便在核子武器的時代仍然會有常規衝突存在，而且裝甲車輛仍然是這些衝突的要角。不幸的是，戰後美國裁軍下的預算讓裝甲車輛年久失修，而在鄰近的日本佔領區內因考量對道路會造成的破壞，因此部署的戰車以 M24「霞飛」輕型戰車為主，這也是為何第一批派赴朝鮮半島的美軍裝甲部隊無力抗衡北韓的 T-34/85 型中型戰車。後來隨著 M4「雪曼」、M26「潘興」和 M46「巴頓」戰車陸續抵達後，最終才讓 M24 恢復了它們主要的偵察和警戒任務。

在整場韓戰綜合起來，所有戰車都必須面對惡劣的山地地形和後勤零件的補給短缺，但 M4「雪曼」中型戰車儘管有擾人的機械問題（在第一年時因故障造成的損失比敵軍造成的還多），但由於機動性優勢更容易在韓國的地形中行駛，因此還是戰區中部署數量最多、也最可靠的美系戰車。M26「潘興」重型戰車在第一年是最令人頭疼的戰車，扭矩傳動裝置可能會打滑外，一些妥善率差的還被拼命地運至韓國戰場添數用。而最新的 M46「巴頓」戰車則還在熟悉新型發動機和動力系統，導致戰場表現也受到影響。當 1950 年後的韓

戰進入了一個較靜態的階段後，雙方戰車對戰的機率大大降低，反而常被用作移動的砲兵在使用（M26 和 M46 所射擊的 90mm 砲彈，還導致美國彈藥庫存的短缺）。

　　雖然韓戰的軍事衝突已經表明區域戰爭不會因為有核子武器而消失，甚至連西點軍校出身背景的艾森豪在 1953 年出任美國總統後，都還優先考慮發展「廉價」的核武器支持他的核威懾政策，同時減少對陸軍投入更多的資源，因為他認為常規的地面衝突既浪費錢又消耗人力，他也確信如果與蘇聯進行非核戰爭是無法取勝，所以陸軍預算在 1950 年代幾乎

+ 圖 3-3：美國陸軍戰區層級的 MGM-31「潘興」戰術彈道飛彈，是艾森豪總統任內大力部署的戰術性核子武器，用以支持他的核威懾政策。（Photo/ 黃竣民攝）

不斷被削減，更與空軍呈現兩極的走向；空軍憑藉其洲際核武運載方式逐漸成為軍事資金的主導。陸軍在越來越有限的資源下，如果沒有實現裝備科技現代化的新品研製案，甚至都無法獲得預算的申請。3 年的韓戰或許讓裝甲兵重新點燃壯志，但卻無力改善軍事戰略的焦點，迫使陸軍在飛彈和核子武器的研製費用幾乎是新型戰車的十倍；這與當代蘇聯的思想形成鮮明反差，二戰後的蘇聯裝甲部隊基本維持在二戰時的水準，但大幅削減了步兵的數量。

美國陸軍在 1950 年代中期開始對其戰車計劃審慎起來，由「未來戰車或類似戰鬥載具」特設小組（Armament for Future Tanks or Similar Combat Vehicles, ARCOVE）提出了兩個影響深遠的建議，一是對戰車砲這種動能武器的效益遞減，應專注於發展配備導引飛彈的戰車；這種思路催生出 152mm 短管的火砲發射器與「橡樹棍」（Shillelagh）反戰車導引飛彈。二是未來的戰車部隊將只由兩種類型組成：輕型偵察／空降型突擊車，和將以前中／重型戰車合二為一，既有前者的機動性，又有後者的火力和防護力的「主力戰車」（Main Battle Tank, MBT）。

為了因應核子戰爭下的作戰準備，美國陸軍自 1956 年 10 月開始實行「五角師」（Pentomic）的編制，讓師下轄有獨立的五個戰鬥群（群下有 5 個連、連下有 5 個排），

期許能夠在受到核子汙染環境下進行分散和縱深的戰鬥。可惜這樣的想法不切實際，無法解決傳統砲兵和防空能力缺乏的困境，更破壞了部隊的向心力，也更讓指揮產生斷層，因此很快就被拋棄並向「重組目標陸軍師」（Reorganization Objective Army Division, ROAD）過渡。

　　1965年3月起美國展開「滾雷行動」（Operation Rolling Thunder）後，象徵著越南的「特種戰爭」已經升級為「局部戰爭」。美國強力介入越南的戰事，但最初仍覺得根本用不上裝甲部隊在這一個熱帶叢林的戰場。然而，1967年的一項報告卻推翻了美軍先前的錯誤認知，戰車在旱季時其實可以在該國6成的地區機動，在雨季時則降為4成6，而裝甲運兵車幾乎都能在6成5左右的地區部署。與直覺相反，機械化部隊的速度和火力讓他們能比步兵部隊扼控多一倍的戰場面積。

　　此時在越南戰場上的美軍主要是M48「巴頓」戰車，而配備105mm砲的新型M60則是負責守衛著德國的「富爾達缺口」（Fulda Gap），以抵禦蘇聯裝甲集群的突進，當時美國仍以防衛歐洲視為首要任務。此時期美軍先前對裝甲發展的二項預測幾乎都被打臉，搭載砲射導彈的M551「謝里登」空降戰車表現極差，連帶影響後續對於砲射導引飛彈的發展（成本是傳統砲彈的7倍），M60A2「星艦」主力戰車的量

產數也就草草收場，甚至連後續腰斬的新型主力戰車（MBT-70）計畫，之後戰車還是乖乖回到搭載傳統的火砲。而在輕型車輛上，不管是陸軍或海軍陸戰隊使用的 M56「毒蠍」自走砲和 M50「盎圖斯」多管無座力砲，服役的壽命也都不長。因為 70 年代以後美軍所設計的戰車更加關注在防護力上，這類薄皮貨的反戰車自走砲車很快都只能被報廢。

歷經越戰的恥辱與傷痛，美軍之後花更多時間在研究新型態的戰爭上，尤其是 1973 年的「贖罪日戰爭」，顯示出步兵對戰車防禦能力的大幅提高，特別是之後的反戰車導引飛彈（ATGM）的發展，更是呈現百家爭鳴的盛況，這種常規武器的新殺傷能力已經讓戰車的弱點暴露無遺，進而引發美國陸軍內部的思想革命；也就是如何使用常規武器可以贏得歐洲戰爭。在後來的二十年裡，美軍從「主動防禦」（Active Defense）開始轉向「空地一體戰」（Air-Land Battle），並在這一段期間頻繁地將《FM 100-5 作戰要綱》（FM 100-5，Operations）進行了四次修訂（1976、1982、1986 和 1993 年）。新準則強調的四個特點：主動（Initiative）、縱深（Depth）、敏捷（Agility）和同步（Synchronization），後來並加入擊潰俄系的第二梯隊為目的。而制定的戰術則強調地面和空中力量的充分結合，以毀傷數量龐大的蘇聯戰車集群；戰車不再是地面戰唯一的主角。雖然準則中強調聯合

火力的概念，陸軍也在 1980 年代試驗過失敗的「86 型師」
（Division 86）編裝；也就是重型師的新編制，但結論是它
不夠輕而無法快速部署、也不夠重，無法在開闊地形上與重
型部隊作戰。這種編裝概念也從未投入使用或在戰鬥中進行
測試。

　　在 1970 年代，當時美國的主力戰車是 M60A1/A3 型
車款，但它是接替先前已經歷兩次失敗替代計劃的 M48「巴
頓」，本身雖然在冷戰高峰期擔任美國裝甲部隊的主角，但
與蘇聯同期的 T-64 或 T-72M 戰車的對戰分析中，還是存在
有 30-40% 的劣勢，這才催生出 M1「艾布蘭」主力戰車。

+ 圖 3-4：「空地一體戰」的概念讓戰車不再是地面戰的唯一主角，還有殺傷力驚人的攻
　擊直升機幾乎成為「戰車殺手」。圖為駐歐美軍第 12 戰鬥航空旅麾下的 AH-64 攻擊直
　升機。（Photo/ 黃竣民攝）

當時這並不是一件容易的事，因為想要新型的戰車能夠在戰場上發揮戰術優勢，以彌補數量上的劣勢，讓陸軍參謀人員採取了非典型的作法，他們不再堅持打造出整體上最好的戰車，而是在盡可能的預算內實現最佳目標，在這個激烈的競標過程中，迫使每家公司都試圖以最低的成本開發最好的戰車設計。當新準則和裝備開始結合時，M1「艾布蘭」戰車、M2「布萊德雷」步兵戰車、AH-64「阿帕契」和UH-60「黑鷹」（Black Hawk）直升機⋯在這段期間陸續加入美軍的陣容後，很快地，他們就用新準則和新戰車在波斯灣給全世界上了新一門「閃電戰」的課程。

◆ M46「巴頓」（Patton）戰車

雖然M26「潘興」戰車在二戰德國投降前夕被投入戰場，因此從兵工廠下線的數量有限，即便在二戰結束之後，它的產量也只限制2千輛左右而已，想要取代當時在美國陸軍中滿坑滿谷的M4「雪曼」戰車，那根本就是不可能的事。這種預設的生產量天花板，是否暗示著將有更新款式的戰車要推出，答案卻是令人失望。

儘管M26重型戰車（在1946年後被調降為中型）的確在當時是一款不錯的產品，它比M4「雪曼」戰車擁有更佳

的火力與防護力，但並無法掩飾其存在的缺陷，這些包括：厚重的裝甲，還是無法抵擋德國戰車和自走砲的貫穿；重量增加讓機動力降低（推重比僅11.96匹馬力／噸）；高速行駛的油料消耗驚人（根據官方數據，該戰車的878公升燃油容量僅足以在公路上行駛130公里）；路輪的使用壽命很有限；可靠性差…，但是這些問題很少能在第二次世界大戰的背景下被公正討論。

就在日本投降後的一個多月，1945年11月「戰爭部裝備委員會」（War Department Equipment Board）；也就是較為人熟知的「史迪威委員會」提出建議，包括：建立一支聯合武裝部隊、對新武器和裝備進行長期性的在役測試，然後編撰使用教範，並廢除專職的反戰車部隊；這也就讓「驅逐戰車」正式劃下了休止符。而當新戰車的研發遇見瓶頸時，最合理的作法是先從開發一個新的發動機開始，這也是最薄弱的環節，因為戰車是各種元件的組合。可惜這樣的建議並無法徹底改善美國新型戰車的研發作業，因為即便是後來推出的M46「巴頓」（Patton）戰車，也不是創新的產品，只是將手頭上現有的M26「潘興」戰車進行升級而已！

因此，從1948年1月開始，美軍開始進行M26的升級工程，主要更換引擎與變速箱，為這最讓人詬病的動力裝置求解，換裝「大陸」（Continental）集團的AV-1790-3型氣

冷式雙渦輪汽油引擎和「艾里森」（Allison）CD-850-1 型變速箱，以及砲管上帶有排煙器的 90mm 主砲；這也是後來主要戰車的設計，透過逆轉砲口的排氣並進一步減少後座力。1949 年就將 M26E2 型號運交「亞伯丁測試場」進行測試，雖然仍有些問題尚待克服，但軍械部門在 1949 年 7 月時就已經決定要讓這一改良版的戰車有自己的新編號了，那就是：M46「巴頓」（Patton）。[1]

✦ 圖 3-5：M46「巴頓」戰車率先在主砲上採用排煙器，這種設計也成爲後來主力戰車的主流。（Photo/ 黃竣民攝）

1　巴頓於 1945 年 12 月在一場車禍意外中受重傷，12 天後在德國去世。為紀念這一位美軍中的裝甲猛將，特地以此命名，而且還陸續沿用了之後的三個型號，這在美軍中實爲罕見。

　　國際情勢在 1948 年中趨於惡化，美國政府已感受到可能的變局，因此提高新型戰車預算的優先順序；並在 1949 年下訂 800 輛，原定計畫希望在 1950 年將 1,200 多輛的 M26 繼續翻修至 M46 的標準，這也是因為這兩者之間的差異不大而允許這種有趣的操作。這種套路並非首次，在某種程度上只是重演了 M36「傑克森」驅逐戰車的情況，因為它並不是從頭開始設計產品，只是將現有的 M10「狼獾」驅逐戰車改裝而成。所以嚴格地說，美國戰後所研製的第一款 M46「巴頓」中型戰車，實際上只是現代化的 M26「潘興」而已。M46「巴頓」除了有一些特定的外部特徵外，真正的改變主要是內部的動力裝置。最明顯的區別是在後段的動力艙，得擴張一呎以容納新型的發動機，而驅動輪也被提高並向後移動，這迫使得在履帶上多安裝一個小惰輪，來作為補償履帶張力的張緊器。

　　韓戰於 1950 年 6 月下旬爆發後，對 M46 戰車的生產造成不利的影響，因為韓國戰場急需要戰車。當時美軍擁有大量老舊的二戰戰車型號，包括多種的 M4「雪曼」中型戰車、M24「霞飛」輕型戰車和重型的 M26「潘興」戰車，因此，一開始新改裝的 M46「巴頓」戰車受到了戰地官兵的歡迎。可是當時的 M46「巴頓」僅生產半年多而已，數量遠遠不足以應付所需，因此改裝 M26 充數是必要的手段。當 1950 年

8月上旬首批的 M46「巴頓」戰車抵達韓國後，到同年底時已經有大約 2 百輛陸續抵達完成部署，這個數字大約佔當時美國在韓國戰車總數的 15%。但在 1950 年 11 月初次的接戰之後，M46「巴頓」戰車的戰場表現卻有些令人感到尷尬，它本該扮演著帶頭衝殺的角色，因為這樣的鋼鐵機器理當令北韓軍隊感到恐懼才是，但兩邊戰線變化的速度出乎意料，這些「巴頓」戰車在其整個職業生涯中只擊毀了不到兩打的俄系 T-34/85 戰車，而且本身卻也損失了 8 輛，戰績似乎不值得炫耀。朝鮮半島的戰事證明了 M46「巴頓」戰車最主要的敵人並不是 T-34/85 戰車，而是被它本身的機械結構給搞垮！

+ 圖 3-6：採用虎頭塗裝的 M46「巴頓」戰車，常在韓戰時期的美軍部隊所使用，這是基於中國人對老虎的迷信和恐懼心理。（Photo/ 黃竣民攝）

　　根據美國「遠東司令部」（FEC）的一項韓戰裝甲研究報告指出，M46「巴頓」戰車的機械可靠性令人無法接受，約 60% 的傷亡是出自於此、16% 是地雷造成、24% 是其他原因造成。事實上，一輛戰車需要服役 1 ～ 2 年才能改善所有的缺陷，但 M46「巴頓」戰車從來沒有這樣奢侈的機會。該型戰車在韓戰中的服役結果令人失望，動力系統的可靠性低、油耗高⋯都是它帶給車組人員所留下的惡劣印象；或許先驅者往往都需要經歷最痛苦的成長階段，才能給後續的追隨者更平坦的道路。

　　當韓戰告一段落後，美國陸軍已經擁有了改進的 M47「巴頓」，而 M48「巴頓」也即將推出。因此，本身對於 M46「巴頓」的需求量並不大，除了軍援給比利時、法國和義大利等國陸軍作為 M47 前的換裝訓練外，美國在 1957 年 2 月中旬便正式將其退役。有趣的是，在韓戰時證明自己還是老當益壯的中型戰車，M4A3E8「雪曼」戰車也同時退役了；它在美國陸軍中服役的時間幾乎是 M46「巴頓」的 2 倍。而 M46 戰車也是「巴頓」戰車家族中最不幸的產品，僅生產了 1,100 多輛而已，這產量遠少於該家族中的任何一款。

◆ M47「巴頓 II」戰車

　　二戰末期開始，美軍在研製戰車的進程上似乎都面臨著產品短命，還得邊量產、邊修改的過渡性套路，從 M26「潘興」戰車開始，接著是改良過後的 M46「巴頓」戰車，連後續的 M47「巴頓」戰車也難逃這樣的宿命。

　　雖然早在 1948 年 12 月初時，「軍械技術委員會」（Ordnance Technical Committee Minutes, OTCM）便要求要研製一款重 36 噸，且能具備與 M46 戰車相等防護力的新款中型戰車，代號為 T42。兵工廠還是在 1951 至 1952 年之間完成了 6 輛測試的原型車，送交「亞伯丁測試場」進行相關規格與性能的測評。可是前述戰車最遭詬病的動力問題依舊無解，野戰部隊自然無法接受，因此 T42 的計畫在 1953 年被正式中止了。但是朝鮮半島爆發的戰事，還是有讓陸軍下定決心必須提早獲得新型的戰車才行。如果依照計畫期程來走，那注定研製案是無法達成這樣迫切的需求，因此只能想出一個臨時性的解決方案，就是在現有的 M46 車體上安裝 T42 的砲塔。

　　雖然是採用 M46 的車體當底盤，車體由焊接在一起的裝甲板和鑄造部件組成，車體上設有儲物箱，加大儲物空間。另外在引擎、變速箱、動力傳動系統均有少量的修改，戰鬥

✛ 圖 3-7 ： M47「巴頓 II」戰車的前視圖，砲塔有著類似「豬鼻子」的砲盾，車
頭漆有「藍白魔鬼」的第 3 步兵師徽章。（Photo/Howard Tsai）

✛ 圖 3-8 ： M47「巴頓 II」戰車在博物館中的展示車，可以看出不同的火砲制
退裝置。（Photo/ 黃竣民攝）

艙與發動機艙由艙壁隔開以減低作業干擾。車體前部裝有一挺機槍，這是最後一輛配備車體機槍的美國中型戰車；也是最後一輛擁有 5 名車組人員的美國戰車。而較大的變化則是在砲塔的部分，除了砲塔環尺寸更大，並採用針鼻設計，更好地保護其前座乘員，也更寬敞、更高，而傾斜的側面，從上頭看下來形成了特有的「梨」形截面。

　　雖然也是採用 50 倍徑的 90mm 的主砲，卻是改良版的 M36 型主砲，它使用新型彈藥的裝填技術以產生更高的膛壓，能具有更高的砲口初速，後座行程達 38 公分，砲塔 360°旋轉一圈僅需要 10 秒鐘，全車備彈 71 發分布在車體和砲塔上，其中 8 發可供裝填手使用。最前衛是為了提高了首發命中率，砲塔的兩側還裝有突出的 M12 立體測距儀；而這種新的射控觀瞄裝置將成為日後的標準配備，但初次搭載在使用上仍然不順暢。整體而言，若與 M46「巴頓」相比，M-47「巴頓 II」具有更好的防護力、火力、射控和機械布局。

　　這種以現品拼湊出的臨時方案最初被稱為 M-46E1，但很快才又重新被命名為 M-47。由於在 1950 年 11 月初時，美國陸軍採用了新的戰車命名系統，取消將戰車分類為輕型、中型和重型戰車，該系統是基於車輛主砲的口徑，而不是車輛的重量；因此 M47 原本是一輛中型戰車，現在則被歸類為「M47 巴頓 II 90mm 砲戰車」（90mm Gun Tank

M47 Patton Ⅱ）。該型戰車的標準化最終於 1952 年 5 月通過，由「底特律兵工廠」和「美國機車公司」共同生產，總計生產了超過 8,500 輛。儘管陸軍認為這一款臨時戰車本身在技術上還不夠成熟，但從一開始它就被視為是臨時性的解決方案，因此很少強調進一步的升級和修改。打從 M47 戰車一開始量產，它後繼的型號（M48）就已經接到訂單了！在美國陸軍和陸戰隊中短暫地使用過後，幾乎全數都被移交給了冷戰時期的盟國繼續操作；更是向西德「聯邦國防軍」（Bundeswehr）所提供的第一批戰車車款，而它也是唯一一款在美軍服役期間從未參加過實戰的「巴頓」系列戰車。

◆ M48「巴頓Ⅲ」戰車

　　第二次世界大戰結束後，美國成立了「軍械戰車汽車中心」（Ordnance Tank-Automotive Center, OTAC）大幅減緩或取消了許多戰車開發和設計項目。隨著朝鮮半島的戰事爆發，讓美國在短暫的時間內，就以二戰末期 M26「潘興」重型戰車為基礎而陸續推出了 M46「巴頓」、M47「巴頓Ⅱ」等衍生款應急。不過，這些都不是當時美軍想要的全新世代戰車，而是以 T48 研製案作為下一代戰車的新基準，這也導致美國第一代「主力戰車」（Main Battle Tank, MBT）

的誕生，它就是「M48 巴頓III 90mm 砲戰車」（90mm Gun Tank M48 Patton III）。

　　會有這麼長串的名稱，主要是因為 1950 年 11 月初美軍的「軍械技術委員會」認為，戰車的開發和戰場使用方式已經不同以往，加上當前主砲口徑的變化，因此單純以「重量」（輕型、中型、重型）作為判定的條件不再適用，因此修改了美軍戰車的分類方式，改以主砲口徑為強調重點，噸位已無關戰車類別。

　　不同於前一款的 M47「巴頓II」是拿 T42 砲塔安裝在 M46 戰車車體上的拼湊方式，相反地，M48「巴頓III」在技術上進行了徹底的改變，不僅採用了全新的砲塔和底盤、改進的懸吊系統、輸出更強大動力的引擎，和許多突破先前美國戰車的窠臼設計；包括創新的乘員布局（駕駛手坐在車前中央，車長、射手與裝填手位於砲塔內作業）。受到韓戰的影響，為了確保新型戰車能夠盡速地交付部隊使用，因此當 T48 試驗戰車於 1952 年 2 月開始接受一系列的測評時，測試和開發期程與生產是採用同時進行的方式（1953 年 4 月初「軍械技術委員會」就批准 T48 戰車案的生產）。如此快速生產的過程勢必會帶來一些問題，因此後續仍有不斷的改進在所難免，但不得不說 M48「巴頓III」還是同時期美軍裝備部隊的戰車中問題較少的了。儘管如此，美國在朝鮮半島的

危機氣氛下已意識到，美國當時的戰車在質量和數量上，似乎都落後於蘇聯的 T-54/55 型戰車！

　　身負著替代為數龐大 M4「雪曼」、M26「潘興」、M46「巴頓」和 M47「巴頓 II」戰車的重責大任，M48「巴頓 III」從在繪圖板上的設計開始，幾乎在每個細節上都具有革命性的設計，從拉長的車體開始，獨特的「青蛙」前喙斜面設計就幾乎成為它的辨識商標；移除車前機槍手的席位，駕駛手席位改置於前部的中央位置，採用創新的飛機式方向盤（取代先前搖桿式的控制裝置）；噸位數增加 1 噸而已，也不會造成運輸規格上的修訂作業；裝甲增厚至 110mm，係根據蒐獲有關俄製 T-54/55 戰車車上 D-10 型 100mm 戰車砲的威力所得到的改進；換裝更大、更重的履帶，以具備更好的抓地力克服鬆軟地形；根據步戰協同的慣例，在車尾後板上安裝有一個通話器，可以跟車外的步兵進行通話。

＋ 圖 3-9：在 M48「巴頓 III」戰車量產之前的 T48 試驗車，砲塔上還留有美國陸軍軍械部的塗裝。（Photo/ 黃竣民攝）

　　最早一批的 M48「巴頓Ⅲ」戰車採用汽油引擎，而且根據不同的兵工廠可使用不同的型號，主要還是「大陸」集團旗下 AV-1790 系列的汽油引擎，此外，當不需要發動主引擎時，車上還有一部兩缸的氣冷式汽油小引擎，能為 28 伏特、300 安培的車裝發電機提供運轉所需電力。但這種汽油引擎的燃點較低，引擎和液壓管路如果破裂，或遭敵火擊中時很容易引燃火災；且這種雙引擎的設計也被認為不可靠。而車上的油箱容量太少（僅 760 公升），導致初期型號的續航里程只有 100 公里出頭而已，大大限制其在戰術上的行動。當時在實際的演習作為上，M48 的戰車車組通常會在第一天將戰車花一部分時間行駛到鄰近的戰術地點，等待第二天油罐車趕來為它加油，才能繼續下一個戰術部署的機動。但畢竟作為一款主力戰車，若無法快速、強勢地突入敵軍縱深陣地或支援步兵的話，絕對不是一款合格的產品！所幸，續航力不足的問題在後來更換柴油引擎後獲得了改善。

　　M48「巴頓Ⅲ」戰車在外觀上的另一個設計亮點，就是它那半球狀的鑄造均質鋼砲塔，搭配重心降低的砲塔環，對戰車的水平轉向穩定性提升不少，此乃出自於著名的戰車設計師：約瑟夫威廉斯（Joseph Williams）之手。加上換成典型的扁平式砲盾有 110mm 厚，也降低了砲塔會產生「射擊陷阱」（Shot traps）的機會，提高防護力與乘員的生存性。

砲塔上那一門 M41 型 90mm 主砲，甚至有考慮過採用自動裝填系統（但因為空間有限，且每次射擊後都需要將後膛與裝填機對齊才能自動裝填，因此該計畫沒能實現）。M48 還安裝了一套精密的射控系統，它由一台機械彈道計算機可根據測距儀輸入的數據和其他會影響彈道的因素併入運算，提高遠程射擊時的精度，實現早期的遠端交戰能力。早期版本的砲口還使用 Y 形排煙器，後來才改為標準的 T 形。能攜帶高爆彈（HE）和穿甲彈（AP）等彈種共 60 發。主砲的俯仰角度為 -9°至 +19°，具有手動和電動液壓全圓旋轉能力（24°/秒）；在主砲的防護罩還裝有一挺 .30 的同軸機槍（備彈 5,900 發）。

+ 圖 3-10：在「格雷格 - 亞當斯堡」內，由「兵工訓練輔助機構」所收藏的早期版 M48「巴頓III」戰車，獨特的弧形車頭爲其特徵，砲管還寫著「青竹絲」（Bamboo viper）的字樣。（Photo/ 黃竣民攝）

+ 圖 3-11：早期生產版本的 M48「巴頓III」戰車，在最後一個路輪後面會有一個小履帶張緊輪，如同先前 M46 和 M47 一樣，但是從 M48A2 版本以後這種小履帶張緊輪就被取消了。（Photo/ 黃竣民攝）

　　傳動系統採用後輪驅動方式，由一個 11 齒的驅動輪帶動，有六對大型橡膠鋼路輪為底支撐車重，而且都安裝獨立的扭力臂上，並在前兩對和後對路輪配備了額外的減震器和阻尼器，以阻止扭力臂產生過大的振幅，提高越野時的舒適性。71 公分的寬版履帶，節距 17 公分，由 79 片履帶組成的行走裝置與地面約保有 4 公尺的接觸長度，能產生 11.2 psi 的接地壓力。早期的型號中，在最後一個負重輪後面還會設有一個輔助用的小履帶張緊輪（如先前的 M46、M47 一樣），但從 M48A2 型號以後便被取消，某些版本的上支輪也從五個減為三個。

　　與它的前身一樣，M48「巴頓Ⅲ」戰車一樣是在測試完成之前就被投入量產，因此這種邊生產、邊改進的措施也是不得不的手段，所以在它 1952 至 1959 年的生產過程中也有不同的型號，主要是第一版的 M48（在引擎、變速箱、履帶、射控和懸吊系統上均有問題出現；油耗更是達到驚人的 <150 公尺／公升），但故障率高到平均行駛 60 公里就要故障一次的擾人紀錄。M48C（只生產 1 百多輛，由於車體用低碳鋼打造因此裝甲防護力不足，只能在「諾克斯堡」的裝甲訓練中心擔任教勤車輛）。M48A1 型被認為是與蘇聯當時 T-54/55 戰車同級距的產品，並沒被優先派去朝鮮半島參戰，反而是被部署到歐洲的作戰部隊去，然而因為諸多的機件問題，

導致該車的戰備率往往低於其他車款。一直到 M48A2 型才是廣泛部署的版本，拜之後「單一、高效生產商」的模式，由一家廠商生產以加強品質控制（先前交由四家廠商共同生產），才在陸軍和海軍陸戰隊的戰鬥部隊中完全取代了 M47「巴頓 II」戰車，並開始輸出到北約盟國和友邦國家中。

　　M48A3 型換裝了柴油引擎，大幅改善油耗與續航力不足的問題，讓最大行駛距離可達 460 公里的範圍，因此也取消了輔助引擎的需求，產品穩定度才符合需求。M48A4 則是嘗試將安裝 M68 型 105mm 砲的 M60 砲塔，外搭能發射「橡樹棍」（Shillelagh）反戰車導引飛彈的改裝試驗版本，但只生產 6 輛進行試驗後也是以失敗告終。M48A5 型則是美國最後一次重大升級的版本，火力提升至 M60 戰車的 105mm 口

+ 圖 3-12：M48 戰車最有力的宣傳照便是「貓王」了！他曾在 1958-1960 年在駐德美軍第 3 裝甲師服役。（Photo/Wiki）

+ 圖 3-13：「柏林危機」時美軍在「查理檢查站」（Checkpoint Charlie）與東德對峙的 M48A1 型戰車。（Photo/U.S. Army Intelligence Center of Excellence）

徑標準，也得益於這兩種型號之間的共通性，許多其他零件還是能彼此共用。

不得不說，M48 戰車也是一款具備明星光環加持的戰車，因為當時美國「搖滾樂之王」的艾維斯‧亞倫‧普里斯萊（Elvis Aaron Presley）到陸軍服役，結束新兵訓練之後成為駐德美軍第 3 裝甲師第 32 裝甲團麾下戰車營的一員，因此鎂光燈也捕捉到許多他服役時與他「坐騎」（M48 戰車）的畫面。

在這些型號當中，就屬 M48A3 型較為普遍，這也是美國積極向盟國及中立國家輸出的版本，超過二十個國家採用這一款戰車，成為冷戰期間世界上使用最廣泛的戰車之一。駐歐美軍優先撥發 M48 戰車進行換裝，它們首先在「柏林危機」中，經常成為攝影師捕捉到兩軍對峙時的主角。後來，它們也參加了越戰，雖然美軍很少有面對北越俄系戰車交戰的機會，但仍然在執行支援步兵的任務中表現優異；這場景或許在 1987 年上映的電影《金甲部隊》（Full Metal Jacket）中可以看到。不過美軍在越南抽身之後，南越軍隊便被北越軍打得潰不成軍，總計美國在越南戰爭中損耗約 5 百輛的 M48 戰車。後來美軍總結 M48 戰車在越戰的經驗得出，該車的車體和砲塔均採用鑄造裝甲結構，但其砲塔的半圓式外型並不適合在戰鬥中面對的反裝甲武器（尤其是日益普遍的 RPG-7）。

+ 圖 3-14：M48A3B 型戰車在越戰中被部署約 6 百輛（陸軍和海軍陸戰隊），主砲上還搭載紅外線探照燈。（Photo/ 黃竣民攝）

　　M48 戰車系列的最後一次重大升級是 M48A5 型，不過卻都不是新量產的版本，而是將早期型號改裝升級而成，主要差別在於換裝火力更強大的 M68 型 105mm 砲，但攜帶的彈藥數（54 發）與射速（7 發 / 分）均較前版型有所下降。以單位成本而言，當時升級一輛 M48A5 型的費用只需 12 萬餘美金，比當時新造的 M60 戰車還便宜（約 42 萬美金），因此超過兩千輛的 M48 被這樣處理；而且只編配給國民兵的部隊使用。海外的土耳其、西班牙和南韓則持續在這一個版本上繼續有研改的型號推出。

+ 圖 3-15 ： M48A5 型
戰車的主砲已經換上
105mm 的水準，但外
觀上仍然是弧形車頭。
（Photo/ 黃竣民攝）

◆ M60 主力戰車

　　無可否認，韓戰期間的氛圍讓美軍戰車研製進入了一段
瘋狂粗製濫造的年代，因為意識到本身的戰車不管在質量或
數量上幾乎都被蘇聯超越。為了確保新式戰車能快速交付部
隊進行汰換，因此在這段期間的產品幾乎都是開發、測試與
生產同時進行；但在批量生產之前沒有進行詳細的測試和評
估，總是在品質上為後續帶來很多的問題。

　　如同 M48「巴頓Ⅲ」戰車早在 1952 年就進入美軍服役，

但「陸軍野戰部隊」（Army Field Forces, AFF）[2] 認為其早期設計並不令人滿意，雖然相關的改進（火砲、射控…）於1955年進一步展開，但另一項旨在取代 M48 的 T95 新型戰車研製計畫也被展開了。隔（1956）年，在匈牙利革命期間英國武官對蘇聯 T-54A 中型戰車進行短暫的研究，得出西方世界戰車在火砲威力與裝甲防護上的水準均已被超越，甚至也已經有情資顯示，俄國正在研發威力更強大的 115mm 戰車砲。可悲的是，儘管 T95 研製案的許多部件仍在測試中，但美國陸軍已經預料到成品無論如何，也不會比 M48A2 有跳躍式的提升了。因此，決定另一款車只要簡單地增加它的航程和火力；也就是 XM60 戰車。

XM60 戰車安裝有新的 M68 型 105mm 砲，它是由英國「皇家兵工廠」（Royal Ordnance）所研製的 L7 型線膛砲授權美國生產的產品。裝甲最初是由石英玻璃製成的複合裝甲，以應付日益普遍的單兵反戰車武器。[3] 配備「大陸」集團的 AVDS-1790-2 型柴油引擎，除了大幅延伸行駛距離外，更是第一款配備柴油引擎的美系戰車；先前的美系戰車

2　原成立於1942-1948年的「陸軍地面部隊」（AGF）廢除後，改名為「陸軍野戰部隊」（1948-1955年）。

3　後來在生產的過程中，由於製造能力不足和高成本的考量，裝甲又改回傳統的「滾軋均質裝甲」（Rolled Homogeneous Armor, RHA）。

都是以汽油引擎提供動力。美國於 1958 年 12 月下令生產 XM60，後於 1959 年 3 月正式將其命名為 M60，並於 1960 年開始服役。[4]

　　從外觀上看 M60 戰車其實和 M48 戰車還是很相似，但車頭的弧形車體變為楔形，上支輪減為 3 個，火砲更換成 105mm 砲。當 M60 量產後迅速被部署到西德，以對抗「華沙公約組織」的 T-54/55 戰車，以及朝鮮半島後續的對峙威脅。但這一版本的產線只維持兩年，之後升級版的 M60A1 型便從 1962 年 10 月開始生產，由於 M60 新型主力戰車的

+ 圖 3-16：初期版的 M60 和 M48 非常相似，外觀主要的差異在楔形車體與更大口徑的主砲。（Photo/ Articseahorse）

4　儘管外界通常稱它為 M60「巴頓」戰車，但它從未被美軍正式歸類在「巴頓」戰車的系列。

+ 圖 3-17：M60A1（RISE/PASSIVE）版本，改用自然光源運作的星光夜視鏡增強夜戰能力，並將引擎升級為 AVDS-1790-2D 型，美國陸軍與陸戰隊均有採用此版本。（Photo/ 黃竣民攝）

開發因諸多工程問題和飆升的成本而陷入停滯，所以造成 M60A1 的服役時間比原訂的計劃時程還更長，而且生產線持續了將近 20 年（1962 年 10 月到 1980 年 5 月）。

　　M60A1 自 1962 年開始生產，它配備防護力更好的「針鼻」砲塔，內部更優化了人體工學的設計，載彈量增加 3 發（達 63 發），可搭配 AN/VSS-1（V）1 紅外線探照燈。為改良裝甲防護，甚至也開發出了「爆炸反應裝甲」（ERA）的套件（但美國陸軍並未採購，反倒是後來被美國海軍陸

戰隊用在 1991 年的波灣行動）。更新的 M68E1 型火砲和
M140 砲座結合，包括液壓配置等系統的更新讓火砲射擊穩
定性提升外，讓射手能更快速地辨識目標跟射擊。在 1972
年進行過的射擊測試中，M60A1「附加穩定」（Add-On
Stabilization, AOS）版本在 1,000 至 1,200 公尺距離內對固
定和移動目標進行射擊。不同車組人員的測試結果表明：移
動中的 M60A1（AOS）戰車，能在平均 12 秒的時間內進行
首發射擊（命中率 28%）、平均第 23 秒內射擊第二發（命
中率 46%）、第 35 秒時打出第三發（命中率 54%）。比起
當時其他沒有配置火砲穩定系統的戰車根本無法在行進間精
準開砲，這樣的射擊命中率是可以被接受。

+ 圖 3-18：駐德美軍使用的 M60A1 主力戰車戰車，塗裝是罕見的北約試驗
性數位迷彩。（Photo/ National Archives）

　　1960 年代，當時反裝甲武器的發展速度超過了裝甲車的研發，因為當時人們普遍認為 M60 車裝的 M68 型火砲最大有效射程在 1,800 至 2,000 公尺，但「福特航太」（Ford Aerospace）研製的 XM-13 飛彈（即是 1964 年量產的 MGM-51「橡樹棍」反裝甲飛彈）系統，已經證明能在 4,000 公尺的射程內達到首發命中率 90% 以上。便宜小巧的反裝甲飛彈可以輕鬆穿透當時各款戰車的鋼板，因此讓重型戰車強調的防護力根本不存在。即便越戰打得正火熱時，美國也沒有將 M60A1 戰車投入在越戰中，反而被送到以色列參與 1973 年的「贖罪日戰爭」（Yom Kippur War）。不過在戰場上，步兵部署的俄製 AT-3「水泥箱」（Sagger）反戰車飛彈，讓 M60A1 嘗到苦頭，除了均質裝甲不再有用外，砲塔中彈後容易讓液壓油著火，也影響車組人員的後續逃生。而美國的 M60A1 戰車在 1991 年的「沙漠風暴行動」（Operation Desert Storm）後，才從前線作戰部隊中退役，最後一批於 1997 年才從國民兵部隊中退役。

　　加上當時美國對新型主力戰車（MBT-70）的開發因設計方案過多而陷入困境時，為了讓一款戰車也能夠發射飛彈迎合時代潮流，因此 1970 年推出的 M60A1E2 被陸軍勉強接受，並被命名為「M60A2 戰車 152mm 砲 / 發射器」（152mm Gun/Launcher M60A2），但是卻到隔年才下訂單，而且拖

到 1973 年才開始生產,雖然生產線持續到 1975 年,卻只生產了不足 600 輛的 M60A2 型而已。[5] 這是一款能讓戰車主砲射擊常規彈藥(HEAT)與反戰車導引飛彈(ATGM)的主力戰車,也因為外型太獨特,所以也有著「星艦」(Starship)的暱稱(帶有嘲諷味道),顯見該型戰車匯集了當時的新科技於一身;不過通常這樣的產品都沒有什麼好下場!

M60A2「星艦」戰車的特徵,就是有一座輪廓低的「太空時代」砲塔,砲塔內部也採用了「杜邦」(DuPont)公司的「功夫龍」(Kevlar)防裂襯裡,而砲塔中的射手、裝填手和車長都擁有自己的艙口,但卻也都被有效地隔開,這在戰車的設計中極為罕見。砲塔上那一門 M162 型 152mm 線膛砲／發射器,射擊傳統砲彈(HE、HEAT 等)的射程為 1.5 公里(備彈 33 發),攻擊更遠的裝甲目標就使用砲射的 MGM-51「橡樹棍」反裝甲導引飛彈(備彈 13 枚),它在 3,000 公尺內有極高的命中率,但相對的會讓射速大減(4 發／分)。

不幸的是,火砲／飛彈發射器並不可靠,因為發射全燃式砲彈時的強大後座力,和燃燒不完全的推進劑,對飛彈的敏感電子設備會造成嚴重破壞,也可能毒害車內人員或引爆備彈造成的危險。再者,反戰車飛彈與傳統砲彈兩者之間的

5　當時認為 M60A2 只是過渡性的產品,預計替代至 MBT-70 完成開發為止。

+ 圖 3-19 ： M60A2 戰車被官兵暱稱爲「星艦」，除了科幻味十足外，其餘的表現
　幾乎都是負評居多。（Photo/ 黃竣民攝）

最小 / 最大有效射程，會形成一段約 400 呎的火力盲區，而
且飛彈在整個飛行時間內，射手必須將目標保持在瞄準鏡的
十字絲內，也就是一次只能追蹤和攻擊一個目標，更慘的是
戰車無法在行進間讓射手發射或導引飛彈；因為這在平原上
作戰時得停車十秒不動的愚蠢行為，根本就是讓乘員在等死。
這款當時技術最複雜的戰車不僅造價昂貴，在維護保養、車
組培訓和操作複雜的多重困難下，直接導致了它的失敗，因
此它在部隊中服役的時間很短。

+ 圖 3-20 ： M60A2 戰車的正面，可以看出砲塔的截面積很小。（Photo/ 黃竣民攝）

　　M60 戰車在美軍服役的最後一個版本是 M60A3 型，美國軍方在此型號後就到頭了，至於後續其他的改裝或升級版本，反倒是在其他國家中搞得挺風光，尤其是以色列。由於軍方對於 M60A2「星艦」的表現普遍感到不滿，當時美軍投注精力於研製 M1「艾布蘭」主力戰車，所以升級成 M60A3 也只能算是另一個權宜之計，研發工作於是從 1978 年展開；這考量主要是讓便宜的 M60A3 型戰車日後與昂貴多了的新型主力戰車一起形成高低配，共同對抗俄系高低配的 T-64 和 T-72 型戰車。而在戰術理論中，M1 與 M60 的角色得到合理的分配：M1「艾布蘭」負責帶頭衝鋒，進行裝甲突擊並負

責摧毀敵軍戰車；而 M60A3 則在後跟進，與步兵協同負責肅清敵軍步兵和頑抗據點。

M60A3 型戰車具有多項技術上的改良，並置重點在電子與射控系統上的升級，包括新的彈道電腦、改進的射控系統（允許主砲在行進間射擊）、一具 AN/VVG-2「紅寶石」雷射測距儀（有效距離 200-4,000 公尺）、和 AN/VSG-2，也稱為戰車熱影像夜視儀（Tank Thermal Sight, TTS），它為 M60A3 提供了與新推出的 M1 戰車具有一樣好的被動夜視熱顯像能力（距離 300-4,000 公尺），還有安裝在砲塔樞軸頂部的橫風感測器。在實彈測試的結果中，對 1,500 公尺固定目標的首發命中率提高至 75%（ M60A1 約為 23%）；射程 3,000 公尺時也能有 45% 的命中率。在當時射擊效率還普遍不高的現實下，戰車在 2,000 公尺距離實施「動對動」射擊的結果比較，T-62 戰車的命中率僅為 11%，而 M60A3 則有 27%。

在 1991 年的「波灣戰爭」（Gulf War）中，是美軍部隊 M60A1/A3 的告別秀，在這一場簡短的地面戰爭中，儘管火力與裝備可靠性均表現出色，美國海軍陸戰隊的戰車營甚至遭遇到二戰以來大型戰車戰的洗禮。裝甲戰鬥在海夫吉（Khafji）的北方開打，陸戰隊以搭配「爆炸反應裝甲」（ERA）的 M60A1 型戰車，摧毀了大約近百輛的伊拉克戰車和裝甲車，其中包括：俄系的 T-54/55 和 T-72、中國製

+ 圖 3-21：冷戰時期，部署在東/西德邊境的美軍「阿爾法觀察站」（OP Alpha），負責第一線守衛「富爾達缺口」（Fulda Gap）的 M60A3 主力戰車。（Photo/ 黃竣民攝）

+ 圖 3-22：由於 M1 在「波灣戰爭」出盡鋒頭，M60A3 主力戰車迫於現實只好從美國陸軍全面退役並外銷給盟邦，而台灣便是其中之一的受益者。(Photo/ 黃竣民攝)

的 69 式（Type 69）戰車，而本身僅損失一輛。然而這些光環卻都被新型的 M1「艾布蘭」主力戰車給整碗端去了，因此鮮少人會去關注到它的戰績。更現實的是，戰後美國陸軍決定以「艾布蘭」全數替換 M60A3 戰車；加上冷戰結束後的國防預算大減，美國也不願意撥款去維護這大批過時的 M60 系列的戰車了，當時美國陸軍的庫存就超過 5,500 輛的 M60A1/A3 戰車，於是開始大量外銷或軍援給其他國家使用；台灣也是其中之一。

➕ 圖 3-23：海軍陸戰隊的 M60A1（WERA）型主力戰車配備反應裝甲，在「沙漠風暴行動」中仍然勉強上陣。（Photo/ 黃竣民攝）

◆ M103 重型戰車

　　二戰末期，美軍看著德國和俄國人的戰車噸位直線上升，本身卻仍然對 M4「雪曼」戰車的表現感到滿足，這樣的思維可能是二戰中美國陸軍發展路徑上的一種缺憾。看著德軍的「虎」式重戰車，俄國的 IS-Ⅱ、IS-Ⅲ「史達林」系列、ISU-152 及 T-10 不斷推出，英國早已先有 A22「邱吉爾」（Churchill）步兵戰車，後來也開發配備 120mm 砲的 FV 214「征服者」（Conqueror），甚至連法國人戰後也迅速開發了 AMX-50 重型戰車，相對於美軍在二戰時先搞垮的 M6 型重戰車，接著才在末期推出了 M-26「潘興」戰車作為重型戰車投入使用。以美軍這樣的規格標準早已落居下風，因為在二戰之前，超過 30 噸以上的戰車會被認為是重型戰車，但到二戰後的中型戰車就紛紛達到 45 至 50 噸級（美軍也在 1946 年將 M26 調降為中型戰車）；甚至已經預想到將會有突破 70 噸的重型戰車出現。

　　在那個還沒有反戰車飛彈能主宰戰場的年代，重型戰車的厚重裝甲和大口徑的火砲，才是裝甲兵們倚賴能夠突破敵軍防線的戰場利器。1948 年，為了因應可能與蘇聯共產集團日益升高的戰爭風險，美國陸軍才又開始重視到這一個領域，繼續嘗試研製其他款式的真正重型戰車。這一個研製案初期

訂為 T-34（隔年更名為 T43），開發工作於 1949 年開始，之後雖然在規格上不斷進行調整，但是當韓戰在 1950 年爆發後，整個研製的程序就已經變了調，在「先求有、再求好」的「戰車危機」氛圍催促下，高層決定讓當時研製進展都還沒到模型製作階段的 T43，得以省略大部分的繁瑣測試以加速開發的進度；這也是循 1940 年 M3「李」中型戰車的前例，儘管 T43 重型戰車當時的進度還是處於圖紙階段，美軍不管三七二十一在 1950 年 12 月就先下訂了 80 輛。

下訂半年過後，T43 案的第一輛原型車完成，經過一年的修正與測試，改稱為 T43E1 後獲得 300 輛的訂單，並交由「克萊斯勒」公司在紐瓦克（Newark）的戰車工廠負責生產。

+ 圖 3-24：1950 年韓戰爆發促進了新型重型戰車的開發，並於 1951 年 6 月完成 T43 的首輛試驗車，為對抗 IS-3 重戰車的威脅，搭載的是一門 120mm 主砲。（Photo/ 黃竣民攝）

1953 年交付後，這一批車輛馬上呈現出一大堆問題，所以基本上都處於停擺的狀態，這些問題零零總總加起來快有 150 項[6]，因此從 1955 年 8 月到 1956 年 2 月都花時間在改進這些缺陷上，1956 年 4 月底才完成標準化的作業，並重新命名為「M103 戰車配 120mm 砲」（120mm Gun Tank M103）；這也是美軍繼「馬克VIII」型以來首次服役的重型戰車。美國陸軍有 80 輛裝備給重戰車營使用，主要任務是殲滅敵方戰車，遠距離支援友軍戰車和步兵部隊。海軍陸戰隊則有 220 輛，主要任務是擔任第二波編組的梯隊，旨在實施兩棲登陸後於第一波部隊後跟進，並擊退敵軍任何可能的反擊行動。

+ 圖 3-25：搭載 60 倍徑 120mm 主砲的 M103 型重戰車，這一款「醜小鴨」在美國陸軍中的役期並不長，反而是在海軍陸戰隊用得更久些。（Photo/Wiki/Greg Goebel）

---

6 當時僅將 144 項的修改建議中完成 98 項，但海軍陸戰隊比陸軍更積極爭取讓它服役。

以防護力的角度來看，既然是重型戰車，M103 的裝甲防護力當然是美軍時下裝甲車輛中的頂級，車頭正面有 130mm 厚的 60°傾斜裝甲，砲塔＋砲盾的裝甲更是達到驚人的 380mm 厚，而為了便於生產主要採用鑄造裝甲的防護品質也比傳統滾軋均質裝甲（RHA）高，讓它比先前試驗型一樣是搭載 120mm 砲的 T29 還減輕了約 10 噸。戰場上幾乎沒有東西可以從正面在攻擊中能擊穿 M103 戰車，因此為車組乘員們提供了很強大的作戰信心，至少會認為開這車去戰場衝鋒陷陣是安全的。

不過在機動力上的表現就差強人意了，在這輛大於 60 噸車重的戰車上，安裝的動力系統是「大陸」集團的 AV-1790 型 12 汽缸的氣冷式汽油引擎，最大輸出 810 匹馬力（604 kW），在 2,200 轉時的最大扭力為 2,169 牛頓 / 米，推重比約為 12.96 匹馬力 / 噸，搭配「通用汽車」的 CD-850-4 型變速箱，能讓這輛重型戰車以超過 30 公里的最大路速行駛。不過引擎與變速箱總成的可靠性簡直令人無法領教，平均行駛不到 800 公里就得入廠大修進行更換。除了油耗驚人外，以這種體形搭載的 1,230 公升油箱，也只能提供該車行駛不到 130 公里的距離，如果在激烈的進攻戰鬥中，可能會影響後續的推進。這讓陸軍根本不會喜歡這一種外號被稱為是「醜小鴨」（Ugly duckling）的重型戰車。其中的部分原因乃是

基於第二次世界大戰期間的陸軍研究報告，因為發現大多數
德軍的重型戰車都是毀於撤退、而不是進攻行動中。這就是
陸軍不喜歡裝甲太厚、而動力太弱的重型戰車的原因，因此
在後續的部署上僅為插空隙的角色（彌補 M48 戰車火力的
不足）。不過這些問題在 1960 年代更換與 M60A1 戰車同型
AVDS-1790-2 型 V12 氣冷式雙渦輪增壓柴油引擎後得到改
善，該引擎提高了 M103A2 型戰車的機動性能，不僅提高最
大車速外，也大幅延伸行駛距離（約可達 480 公里）；不過
這是陸戰隊的版本了，陸軍早已放棄它的升級案，因為他們
更青睞 M60 戰車！

　　車裝的主要武裝是這一門 M58 型 60 倍徑 120mm 線膛
砲，最大射速為 5 發 / 分，砲塔採用電動液壓式轉動，射手
可以用每秒 18°的速度調轉砲塔（17-20 秒可轉動一圈），火
砲的俯仰角範圍為 -8°至 +15°（可每秒 4°調整升降）。由於
是採用分裝式彈藥，因此有兩名裝填手，由於裝藥是像艦砲
一樣，在射擊後都會退出黃銅彈殼。該火砲的長度超過 7.5
公尺，砲口初速達 1,150 公尺 / 秒，使用 M358 型穿甲彈（AP）
時，可以在 1,800 公尺外擊穿傾斜 30°的 200mm 均質裝甲。
由於海軍陸戰隊對它的戰術運用觀點與陸軍不同，仍然認為
他們的戰車有機會會跟敵軍戰車正面交鋒，為保護灘頭堡，
因此持續爭取在觀瞄系統和射控裝備上的升級。

+ 圖 3-26 ： M103 重型戰車的體積龐大，在陸軍的服役週期遠短於海軍陸戰
隊。（Photo/ 黃竣民攝）

　　當美國陸軍獲得的情報顯示，蘇聯那些重型戰車的實
際威力並不如外界推想的那麼強大，而本身也傾向研發火
力、防護力和機動力均經過優化的單一主力戰車概念時，以
M103 去對付俄系 T-54/55、T-62 等戰車似乎有點殺雞用牛
刀，在成本效益比的權衡下便毅然決然地讓 M103 在 1963
年從陸軍退役（僅服役了 6 年）；而海軍陸戰隊初期不願意
接受 M60 戰車，比較傾向接收研製中的 MBT-70，因此透過
升級的 M103A2 型被視為是過渡產品，整整比陸軍又多服役
了 10 年，它們才在 1974 年退役，正式讓美國的重型戰車夢
畫下句點！

◆ M1「艾布蘭」（Abrams）主力戰車

　　美國 M60「巴頓」戰車走得還是改良 M48 的路線，並非長久之計，因此還在尋求可以徹底取代「巴頓」系列的全新車款。而 1961 年受到蘇聯列裝新型 T-62 戰車車裝 115mm 滑膛砲強悍穿甲能力的威脅，美國於是在 1960 年代中期與當時的西德想共同開發 MBT-70 型主力戰車，該案到了 1969 年因單位成本飆升到無法接受的地步，於是西德先退出了該項新型戰車的研製案，後來美國繼續撐了一陣子（改為 XM803 計畫），但是看著 XM803 開發案的複雜性和 MBT-70 案的進展越來越像，到了 1971 年還是被迫取消；而這些研究技術與資金則重新投入到 M1「艾布蘭」的開發案上。

　　在終止 XM803 研製案後，美國陸軍於 1972 年 1 月展開 XM815 的新戰車研製計畫，它為下一代的戰車樹立了多項現代化的技術指標，包括：多燃料大馬力的渦輪引擎、先進的複合裝甲、電腦火砲控制系統、防爆室內的獨立彈藥儲存艙，以及確保機組人員安全的核生化（NBC）防護裝置⋯等。但 XM815 後來更名為 XM1，而且研製計畫案重複使用了 XM803 的大部分技術，但消除了 MBT-70 項目中最昂貴的科技項目，反而是以更簡單、便宜的方式執行。因此 XM1 的計畫於 1973 年 1 月獲准開展，1973 年 5 月，「克萊斯勒

防務」（Chrysler Defense）公司和「通用動力」（General Dynamics）公司提交了設計方案，兩家都於 1976 年交付了配備 M68E1 型 105mm 主砲的原型車。競標進入下一輪是在「亞伯丁測試場」進行一對一的廝殺外，美國還找來了西德「克勞斯・瑪菲」（Krauss-Maffei）公司當時研製出最新的「豹 II AV」（Leopard II AV）原型車來進行比拚。

　　由於美國對購買或授權生產「豹 II」主力戰車也表現出興趣，西德的「克勞斯・瑪菲」為了想成為程咬金，甚至進行一系列相關的修改以滿足美國規格（包括：改良裝甲、液

+ 圖 3-27：美國在 1977-78 年間由「克萊斯勒」生產了 11 輛「預生產測試車」接受測評，砲塔上塗有「雷霆」（Thunderbolt）的字樣具有緬懷的意義。（Photo/ 黃竣民攝）

壓系統、防雷車體、簡化射控…等）的嚴峻版本，這些車輛從 1976 年 9 月至 1977 年 3 月間被進行了廣泛的測評，儘管測試發現「豹 II」的綜合性能表現符合美國的要求，但被認為成本較高，而「通用動力」的總體設計優於「克萊斯勒」，它能提供更好的裝甲防護、射控和砲塔穩定系統。

　　後來獲選的「克萊斯勒」原型車，奉准生產 11 輛「預生產測試車」（Full-Scale Engineering Development, FSED）接受後續的測試和修改；也就是 XM1，作為「低速試產」（Low Rate Initial Production, LRIP）的型號。1979 年在俄

＋ 圖 3-28：XM1「預生產測試車」（FSED），當時仍然還稱為 XM1；這也是美軍保留最古老的一批 M1 車款。（Photo/ 黃竣民攝）

亥俄州利馬（Lima）的陸軍戰車兵工廠展開量產，第一輛於1980 年 2 月 28 日下線，陸軍為戰車命名為「艾布蘭」，以紀念 1974 年去世的前陸軍參謀長：艾布蘭上將；戰車砲塔上塗有「雷霆」（Thunderbolt）的字樣，也是緬懷他於二戰時任第 37 戰車營營長期間，給他麾下 M4「雪曼」戰車取的名字。隨後工廠以每月 30 輛的速度持續量產，直到 1981 年2 月才改型號為 M1，正式展開它為美國征戰的傳奇故事。而「克萊斯勒防務」隨後於 1982 年出售給「通用動力」公司，而最後一輛裝配 105mm 主砲的 M1 於 1985 年 1 月下線。總

+ 圖 3-29：M1 型主力戰車早期搭載 M68A1 型的 105mm 主砲，雖然使用貧鈾彈也能達到更好的侵徹力，但沒多久還是選擇換裝德國授權生產的 120mm 滑膛砲。（Photo/ 黃竣民攝）

計從 1979 至 1985 年之間總共生產超過 3,200 輛的 M1「艾布蘭」主力戰車，它們從 1980 年開始進入美國陸軍服役。

雖然早在 1977 年，最終評選時就已經決定未來的新型戰車要換裝 120mm 砲，但早期生產版本的 M1「艾布蘭」主力戰車卻仍然暫先配備 M68A1 型 52 倍徑 105mm 主砲（備彈 55 發），這相較於當時的英國「挑戰者Ⅰ」（Challenger Ⅰ）、德國「豹Ⅱ」（Leopard Ⅱ）、蘇聯 T-72 戰車而言威力是小了點，顯然也是不得不的折衷方案。畢竟在節約成本與 M60 戰車通用性的考量下，美國還有大量的 105mm 彈藥庫存要消耗；而 M68A1 型戰車砲可以射擊新的 M900E1 型貧鈾（DU）彈，也能達到更好的侵徹力，只好先頂著用先。當時也挑選英國「皇家兵工廠」生產的 55 倍徑 L11A5 型線膛砲，和西德「萊茵金屬」（Rheinmetall）44 倍徑的 Rh-120 型滑膛砲進行測試，結果美國選定了滑膛砲的產品，經授權生產後的型號改為 M256。然而因為當時針對新型火砲要使用的彈藥仍然在開發階段，因此列裝新主砲的工程一直推遲到 1984 年；之後換裝 120mm 滑膛砲所生產的型號則稱為 M1A1 型，更較前一型號提升了裝甲防護力。

不得不說，M1「艾布蘭」一推出就驚豔四方，它的焊接車體搭配新式的「喬巴姆」（Chobham）複合裝甲、低輪廓與良好的避彈性斜面，車高比 M60 降低 1 公尺（M60 戰

車車組員常戲稱自己是操作世上最高大的戰車靶）、大馬力的「萊康明」AGT-1500型燃汽渦輪引擎，可接受柴油、汽油…甚至JP-4/8等高辛烷值噴射燃料，只是美軍到1989年後完全使用JP-8航空燃油（出於後勤統一的考量）。M1的引擎噪音相較於其他戰車而言小得多，安靜到在「奪回德國」（REFORGER）的演習中被稱為是「死亡低語」（Whispering death），所以才會流傳出～「當你聽到『艾布蘭』戰車的聲音時，代表你已經死了」的說法！可掀式的裝甲側裙易於保養清潔、動力包設計更換容易（野戰條件下的吊／換作業也只需60分鐘）、砲塔內的燃爆防抑系統和後部彈艙有防火門裝置，遭命中後也不易引爆而傷害乘員、潔淨空調系統搭配核生化偵測／警告裝置，外加防護服和面具，讓車輛在核生化汙染的環境下依舊保有作戰能力。

＋ 圖3-30：M1A1「艾布蘭」主力戰車換裝了德國「萊茵金屬」公司授權生產的L44/120mm滑膛砲，美軍型號則稱爲M256。（Photo/ 黃竣民攝）

　　不過它也有令人感到詬病的地方，就是油耗很嚇人，十足是一輛「吃油怪獸」（A gas-guzzler）；因為光是要啟動那一具燃汽渦輪發動機就要噴掉 38 公升的燃油，之後每公升的油料還開不到 300 公尺。如果在車頭加裝除雷鏟的話，油耗還得再增加 25%；而怠速與越野的油耗也都很可怕，儘管全車有四個油箱容積滿載時超過 1,900 公升，也僅夠它在公路上行駛不到 430 公里；越野更不到 130 公里，嚴重限制了其作戰彈性（平均行動每 3-5 小時就得停車加油）。單車如此，裝甲部隊就更慘了！舉個實例：在 1980 年一個 M1 戰車剛裝備的裝甲師如要機動 100 哩，得消耗 821,435 公升的油料，而在 1978 年裝備 M60 戰車數量相同的裝甲師卻只需要 503,460 公升。而該車的引擎在怠速時跟行駛時一樣耗油，但是車輛有大約 70% 的時間其實是在怠速空轉，只是要給車上的系統提供所需的電力。而車尾因燃汽渦輪發動機噴射氣流導致的高溫，會讓隨伴步兵產生危險，因此也取消了車尾通話器的安裝。而這一具燃汽渦輪發動機除了油耗高外，更是非常地需要乾淨，因此得細心照料，每天得清 2 次空氣濾清器，才能確保發動機運作正常，所以後勤能量與車組人員的維保紀律都是裝備能否順利運作的關鍵，否則這一輛昂貴的戰車就只能去車間待料了！

　　在 1984 年的時候，工廠還短暫生產約 9 百輛的 M1IP「性

能提升版」（Improved performance），主要是換裝長版帶有後存儲架的新砲塔，以具備更厚的複合裝甲使用在砲塔正面上。M1IP 這一個型號的「艾布蘭」主力戰車最值得一提的「戰績」，便是曾於 1987 年參加「加拿大陸軍盃」（CAT）的戰車競賽，並為美國隊奪下參加此賽事以來唯一的一屆冠軍獎盃，擊敗了使用「豹 II」戰車的西德參賽隊伍。「加拿大陸軍盃」是北約成員國之間的裝甲兵射擊競賽，是由加拿大政府出資並在西德舉行，比賽從 1963 年開始舉辦，後來成為北約成員國裝甲部隊中最重要的賽事之一，因為競賽的內容從單純的靜態射擊，演變成在戰鬥條件下包括駕駛技能和排組之間的綜合戰鬥能力考驗。

「艾布蘭」主力戰車較大規模的升級則是屬 M1A1 版本，它重新設計了排氣板和換裝了 M256 型的 120mm 滑膛砲，砲管更短、更厚，隔熱套更大，彈藥攜行量減為 40 發，增強的懸吊系統，加壓的 NBC 防護裝置，該型號從 1985 年 8 月開始以每個月 120 輛的速度量產；除了優先給歐洲的美軍部署外，也是後來 1991 年「波灣戰爭」聯軍地面作戰的主力型號。[7] 由於火力等級的躍升，讓 M1A1 在 2,500 公尺就能精準

7　在「沙漠之盾／風暴」行動期間，美國海軍陸戰隊的主力還是 M60A1 的車款，因此還向陸軍調借了 60 輛重裝甲型號的 M1A1 HA（Heavy Armor），行動期間接收 16 輛，共 76 輛 M1A1 戰車參與。

接戰，最大有效射程達 4,000 公尺，比起 M60A3 車上那一門 M68 型的 105mm 主砲，有效射程約 2,000 公尺而言，兩者之間的打擊力差距明顯可見。再者，M1A1 對 2,000 公尺外目標靜對靜射擊的首發命中率達 95% 以上，而 M60A3 在相同距離與射擊方式之下卻只有 76%；重點是 M1A1 能在高速行駛的條件下，憑藉著優異的射控系統，會自動調整主砲與目標的轉向與俯仰角度，讓動對靜的首發命中率像靜對靜一樣高，這一點是 M60A3 TTS 戰車遠不及的作戰能力。

　　1990 年伊拉克軍隊入侵科威特，聯合國安理會在 11 月通過第 678 號決議案，發出要伊拉克在 1991 年 1 月 15 日之前無條件撤軍的最後通牒，否則以美國為首的聯軍將透過「一

+ 圖 3-31：打開裝甲側裙的 M1A1「艾布蘭」主力戰車便於平日維保與清洗，可以見到 11 齒的啟動輪，取代先前外附大圓盤的啟動輪。 （Photo/ 黃竣民攝）

切必要手段」將伊拉克軍隊從科威特領土逐出。此期間，美國透過龐大的後勤運輸能量，將大批的M1A1「艾布蘭」主力戰車運到前線集結，準備要面對的是當時號稱是世界第四大陸軍的對手，伊拉克陸軍及共和衛隊裝備著大量的來自前蘇聯和波蘭庫存的T-55、T-62、T-72和中國的69式戰車；但是這些俄系出口型的戰車早有裝甲被簡配的傳聞，因此能提供的裝甲防護力比不上俄國本身所使用的版本，而且未將夜視系統和測距儀普及化，導致整體的戰備狀態和夜戰能力受限，加上聯軍掌握著絕對的空優，因此在後續一系列的地面戰鬥中伊拉克軍隊便嚐到苦果。

　　以美軍為首的聯軍從1991年1月17日起展開為期5週的轟炸行動，執行超過11.6萬架次戰鬥飛行，投擲超過8.8萬噸的各型炸彈，透過空中轟炸的手段非常有效地摧毀伊拉克軍隊的各項作戰能力後，從2月24日才展開「沙漠軍刀」（Operation Desert Sabre）的陸戰行動，在這一場為期僅100小時的地面作戰中（2月27日宣布停火），美軍打出了新一代的「閃電戰」，也是徹底將1982年推出「空地一體戰」的學說給全世界的軍隊做了示範。作戰時間雖然僅有短短的四天，但是對美軍而言卻非常緊湊地經歷了4場較具規模的裝甲對戰，從一開始的「布薩耶戰役」（Battle of Al Busayyah）、「東73線戰役」（Battle of 73 Easting）、

「麥地那嶺戰役」（Battle of Medina Ridge）到號稱是「恐怖之夜」（Fright Night）的「諾福克戰役」（Battle Of Norfolk），場場都表現精彩，在空軍外號「疣豬」（Warthog）的 A-10 攻擊機與陸航 AH-64「阿帕契」（Apache）攻擊直升機的聯合掃蕩與制壓下，繳交出一張亮麗的成績單，一掃美國陸軍在越戰之後的陰霾。[8]

+ 圖 3-32：時任第 2 裝甲騎兵團 E 特遣隊的麥克馬斯特上尉參與了「東 73 線戰役」，麾下的 9 輛 M1A1 戰車在遭遇戰中，於 23 分鐘的戰鬥內擊毀了 28 輛伊拉克戰車、16 輛運兵車和 30 輛卡車，本身無戰損。（Photo/US Army）

+ 圖 3-33：聯軍在解放科威特所發起的 100 小時地面戰，可以說是「空地一體戰」學說給全世界做了一場教科書級別的示範，伊拉克陸軍裝甲部隊幾乎被完虐。（Photo/US Navy）

8　144 架美國空軍的 A-10「雷霆 II」（Thunderbolt II）攻擊機群，一共摧毀了伊拉克 900+ 輛戰車、2,000 輛其他戰鬥車輛以及 1,200 個火砲陣地。而陸軍航空兵的 277 架 AH-64「阿帕契」攻擊直升機也摧毀將近 300 輛戰車、大量裝甲運兵車和其他車輛。

+ 圖 3-34 ： 1991 年「波灣戰爭」時，美軍使用的 M1A1 型主力戰車獲得極大戰果，成功創造出新的戰車神話，此爲海軍陸戰隊戰車營所屬的 M1A1 型主力戰車。（Photo/ 黃竣民攝）

　　在純粹的戰車對戰中，M1A1 的優勢是看得遠、也打得到，儘管在沙漠中漫天煙塵的環境下，車上的觀瞄系統依然讓車組人員能正常作戰，但伊拉克軍隊的戰車就沒那個條件；尤其是夜戰性能更是弱項。M1A1 戰車當時使用了 M829A1 型翼穩脫殼穿甲彈（APFSDS）更是一戰成名，這種美國裝甲兵口中所稱的「銀彈」（Silver Bullet），其彈芯是由衰變鈾（Depleted Uranium, DU）製成；密度是鋼的 2.5 倍，初速可達 1,575 公尺／秒，穿透性更強悍，雖然最大有效射程為

3,500 公尺,但在實戰中已有多起擊殺紀錄是在 4,000 公尺成功取得。從美國「問責署」(Government Accountability Office, GAO)的報告中顯示,在「沙漠風暴」期間,部署在沙烏地阿拉伯戰區共有 2,024 輛 M1A1 型(9 成)跟 M1「艾布蘭」戰車(1 成),其戰備妥善率達 9 成以上,交戰期間只有 23 輛被摧毀或損壞(其中包含 7 輛是友軍誤擊、2 輛自行破壞)。相較於伊拉克軍裝甲部隊的損失,那根本是九牛一毛的對比!

　　波灣戰爭後,美軍將 M1A1 主力戰車翻新和升級,並預計至少要它們服役到 2021 年。更新後的版本就是在 M1A2 的前弧添加了貧鈾裝甲,以增強裝甲防護。M1A2 型從 1992 年開始生產,裝配了更先進的火控系統和全景指揮官瞄準鏡,賦予這一款主力戰車有更強大的獵殺能力。

◆ M41「華克猛犬」輕型戰車

　　二戰末期推出的 M24「霞飛」輕型戰車,雖然在美軍的裝甲部隊中獲得好評,車裝的 39 倍徑 M6 型 75mm 主砲,除了勝任偵察任務外,還能兼負對步兵進行火力支援的角色。即便綜合性能這樣優秀的輕型偵蒐戰車,美軍還是認為它難以對抗二戰末期的德軍戰車,甚至未來面對可能的對手,在

火力與裝甲上也無法應付；如俄製的 T-34/85 中型戰車。因此，二戰結束後的隔一年，美國陸軍還是進行了一項替換 M24「霞飛」輕型戰車的研製項目。[9] 不過，第二次世界大戰後，美軍大多數裝甲車的開發案都缺乏說服力和資金，尤其是輕型偵察用戰車的優先順序更被往後調整，要不是拜韓戰之賜，這些後來的新戰車研製案根本無法如期推動、盡早推出，甚至還沒完成測試就都被下訂生產的案例。

從 T37 的研製案一路轉變成 T41，最終預生產型號的 T41E1，到委由「凱迪拉克」位於克利夫蘭（Cleveland）的戰車工廠量產第一版的 M41 過程中，美軍寄望這一款「小鬥牛犬」（Little Bulldog）新型的輕型戰車能夠實現高度的機動性，執行攻擊性深入敵陣的偵察任務，本身的武裝也要夠強悍，讓它可以在必要時與蘇聯的中型戰車（T34/85）交戰。除了同前軍用車輛得能使用常見的汽車零件外，它還特別注重模組化車體的運用，這也衍生出以同一底盤開發出的防空砲車、自走砲車和裝甲運兵車。但由於車重較前一款式增加了 5 噸左右，已經到達先前歸類標準的中型戰車，因此無法輕易地被進行空中部署。

9　1950 年 11 月初，美國「軍械委員會紀錄」（Ordnance Committee Minutes, OCM）發布了新的戰車分類標準，不是先前以「噸位」，而改以主砲口徑：重型（120mm）、中型（90mm）和輕型（76mm）為準。

+ 圖 3-35 ：早期的 M41「華克猛犬」輕型戰車的噪音大、油耗兇、火砲威力
也不夠強，經常故障外還無法空運部署，因此在美軍中也不怎麼討喜。
（Photo/ 黃竣民攝）

「M41 華克猛犬 76mm 砲戰車」（76mm Gun Tank
M41 Walker Bulldog）是比 M24 更大型的輕型戰車，車身
放大主要是受到為了安裝新款 M32 型 76mm 主砲的影響（備
彈 57 發），必須採用較大的砲塔，同時增大砲塔環的尺寸
（1850mm）以利人員操作（前者為 1500mm），砲塔旋轉
速度為 36°/ 秒、俯仰角度範圍為 -10°至 +20°（調轉 4°/ 秒），
搭配 T 形的砲口制退器，但該砲的威力已經不足以對抗當時
俄系的 T-54/55 戰車了。為了保持高機動性，使用「大陸」
集團的 AOS 895-3 型 6 缸汽油引擎，輸出馬力達 500 匹，讓
推重比達到 21.5 匹馬力 / 噸，讓最高時速可以達到 70 公里 /
時以上。可惜油箱容量僅有 530 公升，致使行駛範圍嚴重受

限，僅能夠在公路行駛 160 公里左右，大幅限制其作戰運用的彈性。而早期引擎消音器產生的巨大噪音問題，更是讓執行偵察型任務的輕型戰車顏面掃地。

從 1951 年 3 月生產線開始交付第一輛的 M41「華克猛犬」[10] 後，不免俗地如同在韓戰時期美國推出的戰車一樣，每一款都充滿了各式大大小小的問題，光是 1951 年 7 月至 1952 年 7 月期間，美國陸軍就要求對該型戰車進行超過 4 千項的工程設計變更；更早在 1952 年中期，就對 M41 的性能表現感到失望，並曾建議終止採購程序並另起新的輕型戰車開發案。但這些戰車都很幸運地能因為戰爭需求的關係而繼續大批量生產，從 1951 至 1954 年的生產期間，一共生產了將近 5,500 輛（包括 M41A1/A2/A3）。儘管在韓戰期間就被美軍部署，但卻沒有機會驗證它的戰鬥力，直到越戰時期更因為戰術與地形因素，也沒有繳出任何突出的戰績，儘管它在美國裝甲兵中的操作反饋獲得不少負評，因此在 1960 年代末期就被新型的戰車給取代；但大量美軍二手的 M41 戰車經過翻新後，便出售或捐贈給美國的海外盟邦繼續延續它的使用壽命，中華民國也是其中之一。

---

10 杜魯門總統在 1951 年 2 月於「亞伯丁測試場」視導時，才將該戰車命名為「華克猛犬」（Walker Bulldog），以紀念一年前因車禍意外喪生的沃爾頓·哈里斯·華克（Walton Harris Walker）將軍。

◆ M551「謝里登」（Sheridan）輕型戰車

1990 年「波灣戰爭」的「沙漠之盾」（Desert Shield）準備階段，美軍第一批運抵沙烏地阿拉伯集結地的美國戰車，不是 M1「艾布蘭」、也不是 M60，而是當時為越戰所打造的 M551「謝里登」輕型戰車。[11]

二戰結束後不久，美國陸軍部隊才開始列裝 M41「華克猛犬」輕型戰車，以取代 M24「霞飛」輕型戰車的角色，但是它的服役壽命卻不長（1953-1969 年），因為它的重量被嫌太重（25 噸），且續航里程也很短。因此在 1958 年有了研製新一款更輕型的替代品方案；就是代號為 T92 的偵察戰車案。然而當時受到蘇聯 PT-76 兩棲輕型戰車的影響，不具備兩棲能力的原型車迅速被否決了。隔年（1959）才又另起爐灶，但是陸軍認為以「戰車」的名稱會令人產生刻板印象，更擔心國會會拒絕挹注經費在兩項戰車的研製案，因此陸軍選擇將它換了個名稱，改稱為「裝甲偵察」（Armored Reconnaissance）/「空中突擊車」（Airborne Assault Vehicle），就這樣順利地蒙混過關。該車將兼具偵察戰車和空降戰車的特點，火力強大外還能進行兩棲浮游，預計將取代 M41「華克猛犬」和 M56「毒蝎」（Scorpion）自走砲。

---

11 事實上，M551 仍然是美國陸軍服役過唯一一款可透過空投進行部署的戰車。

在多家公司提交設計案之後，軍方與「凱迪拉克」公司於 1960 年 6 月簽訂進一步的開發契約，研製案名為 AR/AAV XM551；隔年（1961）的 8 月，陸軍部長就批准了該型車輛命名為「謝里登」[12]，1962 年開始製造第一批的原型車接受測評。然而當年秋季的飛彈試射失敗了，陸軍雖然已經可以預見 MGM-51「橡樹棍」式反戰車飛彈發展受阻，肯定無法如期安裝在新型的車款上，因此考慮過多種傳統火砲的替代方案，但是最後陸軍還是決定配備 152mm 常規的火砲，

+ 圖 3-36：M551「謝里登」輕型戰車的砲塔安裝一門 M48 型 152mm 火砲發射器，是美軍第一款實現「彈砲合一」的戰車。（Photo/ 黃竣民攝）

---

12 以紀念南北戰爭時期的菲利普·謝里登（Philip Sheridan）將軍命名。

直到「橡樹棍」式飛彈完成開發。這也得拜當時以數理背景出身的國防部長：勞勃・史特蘭奇・麥納馬拉（Robert Strange McNamara）的支持，因為與其相信直覺判斷軍事決策，他更贊成用科學技術解決戰術問題。12 輛原型車經過 4 年左右的時間測試與等待，該車款終於在 1966 年開始量產，隔年 6 月便優先於「萊利堡」（Fort Riley）的裝甲團服役。當時海軍陸戰隊也評估該車款作為 M50「盎圖斯」（Ontos）無後座力自走砲的接替車款，但後來認為單位成本過高而放棄。

M551「謝里登」輕型戰車為了減輕重量，車體由焊接鋁合金打造，砲塔由鋼焊接而成，以提升泛水時的浮力，但相對的也犧牲掉了該有的防護能力，最厚的前裝甲也僅能抗

+ 圖 3-37：越戰時裝甲騎兵團也使用 M551「謝里登」輕型戰車，但使用回饋並不佳。（Photo/ 黃竣民攝）

擊 20mm 的穿甲彈射擊，整體而言只能防護 14.5mm 的子彈，對於敵軍的地雷或是 RPG 攻擊就只能禱告了。動力系統搭載「底特律柴油機」公司的 6V53T 六缸渦輪增壓柴油引擎提供動力，輸出最大馬力為 300 匹，推重比為 17.9 匹馬力 / 噸，高速行駛的速度幾乎可達 70 公里 / 時，行駛範圍達到 550 公里以上。特點是車組經過兩分鐘的準備後，要在戰車周圍安裝一個三層的帆布浮篩；類似二戰末期的「DD 戰車」[13]，使其能夠漂浮在水中，再由履帶驅動車輛在水上行駛。但這只是針對短距離的河川有效，因為車體前部的帆布浮篩雖然設有一個塑膠窗，但在實際浮游時會發現濺出的水浪幾乎看不見前況，因此駕駛手此時只能聽從車長的轉向指示操縱戰車的方向，而不是像陸戰隊所使用 AAV-7 兩棲突擊車那樣，具備較長距離的海上浮游能力。

　　在造型獨特的砲塔上，則是安裝了一門 M48 型 152mm 火砲發射器，它能夠發射普通砲彈和 MGM-51「橡樹棍」型反戰車飛彈。武器系統俯仰角度為 -8°至 +19.5°、具有全圓式 360°的轉向、砲塔轉動由電力驅動；旋轉一圈需要 10 秒。普通的 M409（HEAT）砲彈旨在支援步兵用，有效射程為 1.5

---

13 DD 原意是指「複合驅動」（Duplex Drive, DD），亦暱稱為「唐老鴨戰車」（Donald Duck）。

公里，能在短距離內憑藉其大口徑的錐孔裝藥，用以對付大多數當代的主力戰車，不過在打擊遠距離目標時的精度就差了些。[14] 遠距離對付敵方戰車的任務則交由 MGM-51「橡樹棍」型反戰車飛彈，它的射程可達 3 公里。隨著在越南的部署，美軍也開發出 M625 型的「罐彈」（Canister shot）；這一種人員殺傷彈內裝約 1 萬顆鋼珠，近距離用於殺傷叢林中的步兵效果極佳。儘管車小火力強大，但細看卻是充滿著設計瑕疵，因為普通彈藥短而肥大，外殼對潮濕和損壞非常敏感，必須小心搬運與儲放，射擊後的殘留粉末，而射擊時的後座力也會讓過輕的車體無法抵擋，經常是前兩個路輪會被震離地面，而導致飛彈轉向系統的電子設備故障。

自 1966 年時陸軍就希望將 M551「謝里登」輕型戰車部署到越南戰場去，但當時因為 152mm 主砲的彈藥還沒準備好（缺乏主砲的威力該車只是一座昂貴的機槍平台），因此被擱置到 1968 年才又被重新提起。當時美軍駐南越的指揮官在徵詢過「第 11 裝甲騎兵團」的團長：喬治・巴頓四世（George Smith Patton, IV）[15] 後，才配給他的裝甲騎兵團與師級的裝騎

---

14 「橡樹棍」型反戰車飛彈的最短操作距離為730公尺，射手才能開始用紅外線追蹤它；而 M409 的高爆彈（HEAT）的最大射程為 600 公尺，因此這約 150 公尺之間的範圍內，幾乎就是車組人員的「死區」，也是敵人的「安全區」。
15 喬治・巴頓四世是二戰猛將喬治・巴頓之子，後來他也擔任過第 2 裝甲師的師長一職，創下美軍史上有父子檔先後指揮同一支單位的首例；1980 年他以少將軍銜退役。

營進行實戰部署。但獲得的實用評價卻令人難以接受，除了比較不會像 M48 戰車那麼容易陷入泥沼外，暴露無遺的缺陷包括：防護力低到不行，光是越共的 RPG 跟埋設的地雷就是最大的威脅、引擎系統和火砲的可靠性差、火力的發揚能力弱，火砲射速慢（僅 2 發 / 分）以及備彈量少（僅能攜帶 20 發152mm 砲彈 +10 枚反戰車飛彈）、車艙的空間狹小，乘員難抵越南潮濕、炎熱的工作環境，疲勞感迅速降低作戰持續力、電子裝備很容易受潮而故障…最終它只能以損失慘重收場。

　　原本計劃生產將近 2,500 輛的 M551 空降戰車，最終從1966 至 1970 年 11 月期間只建造了 1,600 多輛就告停了。此外，美國陸軍認識到 M551「謝里登」輕型戰車在越南戰爭中的慘狀，開始從 1971 年起針對越戰的使用經驗改良而成的 M551A1 型，主要改善了懸吊系統，並配備了雷射測距儀。並於 1977 年開始要該車退出現役，僅第 82 空降師和國民兵還保有少量服役；而第 82 空降師的裝備在 1989 年還升級成為 M551A1（TTS）型號，

+ 圖 3-38：M551「謝里登」輕型戰車首度在越戰中部署時，首批試用的單位還是喬治·巴頓四世（George Smith Patton, Ⅳ）所指揮的「第 11 裝甲騎兵團」。（Photo/US Army）

＋ 圖 3-39 ：著眼於輕量化，M551「謝里登」輕型戰車的車體由鋁合金材料打造，
是美國陸軍迄今唯一用空投實戰過的戰車。（Photo/ 黃竣民攝）

讓車長和射手能使用 AN/VSG-2 型熱顯像系統增加夜戰能力。
不過它卻有了另一個舞台，因為大量的 M551「謝里登」輕型
戰車被移駐到加州「歐文堡」（Fort Irwin）的「國家訓練中
心」（National Training Center, NTC），扮演「假想敵部隊」
（OPFOR）直到 2004 年才報廢。

　　M551「謝里登」輕型戰車在設計之初就考慮到空投的問
題，因此它完全可以透過運輸機用降落傘投擲或重型直升機
吊掛運輸，而在 1989 年入侵巴拿馬的「正義行動」（Operation
Just Cause）中，共有 14 輛的 M551「謝里登」輕型戰車參與

推翻獨裁者：曼努埃爾·諾瑞加（Manuel Noriega）的行動，此役有 4 輛是經由 C-5「銀河」（Galaxy）式運輸機載運、另外 10 輛由 C-141「星舉」（Starlifter）式運輸機實施「低速空投」（low-velocity airdrop, LVAD）。後來更是成為波灣戰爭中首批被運抵沙烏地阿拉伯的美軍戰車，雖然後來短暫的地面作戰中，相較於 M1 的大出風頭，它們並沒有什麼表現，甚至從頭到尾只針對過 T-55 戰車目標射擊不超過 6 發的「橡樹棍」型反戰車飛彈意思意思；之後這一款產量達 8.8 萬枚的飛彈就退役了。

　　這一款獨特角色的空降戰車退役後，還真讓美軍遲遲尋覓不著接替的車款，從 M60A1 先暫代、M3「布萊德雷」、LAV-25 八輪裝甲車、到歷經多年開發失敗的 M8「布福德」（Buford）裝甲火砲系統（Armored Gun System），到 2000 年時，陸軍選擇了「通用動力」公司的 LAV III 的衍生款 M1128「史崔克」（Stryker）機動火砲系統，但它也只撐到 2022 年就要陸續退役。新開展的「移動防護火力」（Mobile Protected Firepower）採購計畫，已經決定由 M10「布克」突擊砲接任，讓空降部隊的機動火力不再有斷層。

第四章

冷戰後的轉型
（1992-2022 年）

隨著柏林圍牆的倒塌，蘇聯集團的瓦解，冷戰的結束象徵著以核武器對峙的時代告一個段落，而美國陸軍裝甲部隊一直以來準備要跟蘇聯鋼鐵洪流決戰的想定並未發生，但蘇聯在 1991 年 12 月的崩解，卻反而讓整支美國武裝部隊陷入半死不活的狀態。更多國際的焦點轉移至波斯灣後，美國成功地拿伊拉克海珊（Saddam Hussein）政權來祭旗，除了成功地解放科威特外，也讓全世界見證了一場全新的戰爭型態，那便是由越來越多精準打擊的武器所構成的「外科手術式戰爭」。然而隨著強敵的威脅消失，在勝利閱兵的背後卻是回歸落寞，在 1993 年夏天時，美國陸軍的兵力已經從 78 萬餘人裁減到 50 萬人；其中第 3 裝甲師在「沙漠風暴」後解編，1994 年連第 2 裝甲師也被降為實驗組織，並於 1996 年更名為第 4 機械化步兵師。

　　出於兩大陣營的軍備對抗已結束，美國五角大廈的國防政策也起了變化，連帶影響了的是龐大且複雜的軍工複合體，失去了龐大的國防預算賴以維持，美國地面部隊不是減重（裁撤重型部隊）、就是瘦身（縮減總兵力員額）。這一個時期，美軍機甲部隊的命運越來越坎坷，正如前蘇聯留下了數以萬計的陳舊戰車和有限的國防預算一樣，美國陸軍、海軍陸戰隊和國民兵，操作著 M1A1/A2、M60 和 M48 的主力戰車型號，本身都已經有代差，連 M113 這種「戰場計程車」都得

悄悄退出第一線部隊了，卻也苦無合適的接替裝備。

　　當奧薩馬・賓拉登（Osama bin Laden）為首的「蓋達組織」（Al-Qaeda），成功地策畫了震驚全球的「9・11」恐怖攻擊後，迫使美國的戰略焦點又起了變化，以往的強權對決模式不適用，取而代之的是四處燎原的恐怖組織。於是美國扛著反恐的大旗先出兵阿富汗，接著又對伊拉克以莫須有的「大規模毀滅性武器」（Weapon of Mass Destruction, WMD）為名，行推翻政權之實的武裝衝突。歷經 8 年（2003-2011）的伊拉克戰爭被證明是一場錯誤，後果導致了「伊斯蘭國」（Islamic State of Iraq and al-Sham, ISIS）的擴散與難以收拾；而長達 20 年（2001-2021）的阿富汗部署，更是勞民傷財而落得一身腥，最後還得狼狽地撤出。不過在這一個泥淖的戰場上，慶幸的是美國的裝甲部隊少有用武之地，畢竟這龐大噸位的裝備很難在那裏有相稱的對手，如果對付這些綏靖作戰的對象，感覺用戰車有點不符合成本效益。在這段期間相較於主力戰車和步兵戰車的沒落，反倒是讓所謂的「防地雷反伏擊車」（Mine-Resistant Ambush Protected, MRAP）成為炙手可熱的產品。

　　以反恐與維和為重點的部隊訓練與裝備設計走向，嚴重削弱了美軍裝甲部隊的傳統戰鬥能力，為了更快速地部署輕裝部隊，鈍重性高的機械化部隊越來越沒有舞台可表演，取

而代之的是更普遍的「史崔克」系列八輪裝甲車、悍馬車和「防地雷反伏擊車」，這也反映出對適應城市環境、道路狀況不佳和地形複雜問題的需求。2008 年，美國國防部（DoD）開始研究開發和採購比傳統戰（甲）車重量更輕、而且具有「全地形能力的防地雷反伏擊車」（MRAP All Terrain Vehicle, M-ATV），以解決阿富汗道路狀況不佳和地形複雜的問題。由於 M-ATV 比 M1114 型的悍馬車（HMMWV）具有更高的生存能力，並且比其他「防地雷反伏擊車」的版本更輕，在短時間便裝備給部隊上萬輛。由於採購這些車款只是為了滿足當前的任務，並沒有長期的計劃，所以當美軍撤出伊拉克和阿富汗後，便將七千多輛予以退役並進行封存，只剩八千多輛仍在服役。這類輪型車輛雖然大幅提升官兵面對不對稱作戰環境下應付 IED 等威脅時的生存力，卻也將陸軍的資源給吸走，造成傳統戰車的關注程度降低，更無力去研發新一代的主力戰車，只能遙遙對望著俄羅斯的 T-14「阿瑪塔」（Armata）！

「外科手術式戰爭」雖然印證了美軍提出的戰術理論、訓練和裝備，在對抗以蘇聯為主的對手時是可行與有效的，但這也證明了要維持這些部隊後勤所需的努力，似乎也令人望而卻步。事實上，在發起一百小時地面戰爭之前，聯軍在後勤上的付出；尤其是運輸能量幾乎刷新紀錄。因此，一支

+ 圖 4-1：進入 21 世紀初，美國因應反恐需求大力開發和採購防地雷反伏擊車款，以解決阿富汗道路狀況不佳和地形複雜的問題，這些車款在海外戰場取代了「悍馬車」（HMMWV）；圖爲「奧什科甚」（Oshkosh）公司出產的 M-ATV 更是主力車款。（Photo/黃竣民攝）

更輕型、更易於部署的部隊，將是應付未來威脅時所必需具備的資產，陸軍必須重新調整組織，以保留更少部署在戰區的部隊，而將主要投射的兵力留在美國本土。

　　這個「21 世紀兵力」（Force XXI）的轉型計畫，使陸軍從輕型和重型二分法的傳統部隊，轉變為臨時部隊的結構，最終轉變為「目標部隊」。因此在邁入 21 世紀一開始，美國陸軍除了將原本的師給虛級化外，將既有的部隊大量轉型成為三種「旅戰鬥隊」（Brigade combat team, BCT）：「步

兵旅戰鬥隊」（IBCT）、「史崔克旅戰鬥隊」（SBCT）、「裝甲旅戰鬥隊」（ABCT）。其中，又以「史崔克旅戰鬥隊」搶佔了版面，因為它是被用來驗證新一代網狀化作戰理論的單位，存在的價值主要是填補高機動性輕裝步兵和重型裝甲步兵之間的空白，使其既有較強的火力、也能更快的部署；一支完整的「史崔克旅」可以在 96 小時內透過 C-130 運輸機空運到戰區，而一個師規模的部隊預估要 120 小時，在 30 天內部署 5 個師。

投資中型旅還有營運成本方面的考量，它比原本的重型旅要節省 40% 的經費，而主要裝備的「史崔克」八輪裝甲車的行駛可靠性可高達 3,100 至 6,600 公里，平均故障率至少 1,600 公里，相較重型旅的主力戰車卻不到 1,100 公里。在官兵作戰持續力的實測比較下，操作「史崔克」八輪裝甲車的駕駛手受惠於較安靜的車艙環境，車組人員也可以進行對話並規劃任務，相較於駕駛 M113 裝甲車的甲駕手而言，在連續操作 5 小時後聽力便會受損。「史崔克旅」不僅比重型旅的營運成本更便宜和靈活，全旅部署需要 C-17 的架次為 212：430 架次（幾乎讓空運聯隊減輕一半的負荷）；它也比輕型旅能更快行動、生存能力更高、火力也更強。

隨著大力推動野心勃勃的「未來作戰系統」（Future Combat Systems, FCS），希望構建配備新型有人和無人駕

+ 圖 4-2：「史崔克」裝甲車從原先設定的「過渡車輛」（IAV），反而變成了 21 世紀前二十年的「主力車款」了，甚至繼續投資給予升級以延長服役。（Photo/黃竣民攝）

+ 圖 4-3：艾瑞克‧健‧新關（Eric Ken Shinseki）在擔任美國陸軍參謀長期間，致力於推動美國陸軍的轉型計劃，也就是現在大家所熟知的「旅級戰鬥隊」（BCT）。（Photo/US Army）

駛車輛的新型旅，而這些車輛可以透過戰場網路進行前所未有的快速、靈活分合。而在這偉大計劃的尾聲，陸軍為了開發下一代的裝甲車輛，於是在 2009 年發起「地面戰鬥車輛」（Ground Combat Vehicle, GCV）的龐大計劃，以尋求對其龐大的 M2「布萊德雷」步兵戰車（欲採購 1,450 輛步兵戰車，工程總成本達 400 億美元）等裝甲車隊進行現代化改造，此外還包括：「艾布蘭」主力戰車、「史崔克」裝甲車、M109「帕拉丁」（Paladin）自走砲、M88A2「大力神」（Hercules）裝甲救濟車。而當時美國陸軍也只是將「史崔克」8×8 裝甲

車家族視為一種「過渡裝備」，最終的目標是完成「未來戰鬥系統」的研發，以創建裝備新型有人和無人駕駛車輛的新形態旅級部隊。不過，此案在不到 15 年間花費了 320 億美元卻收效甚微，也因為沒能達到預期的成果，只好讓「史崔克」的旅級戰鬥隊從原先設定的「過渡」，反而變成了 21 世紀前二十年的「主力」了。而隨著「未來作戰系統」的告終，由於預算限制以及對成本和複雜性的擔憂，陸軍後來也於 2014 年取消了「地面戰鬥車輛」的專案，這又是一次對於裝甲車輛研製計畫案的重大挫敗。

　　在這一個階段還有一個值得注意的轉變，就是美國陸軍於 1940 年 10 月 1 日在肯塔基州「諾克斯堡」成立裝甲學校[1]，在負責培訓陸軍和海軍陸戰隊裝甲兵經過 60 多年後，也在 2005 年「基地調整和關閉委員會」（Base Realignment and Closure Commission, BRAC）的決議下，決定在喬治亞州的「摩爾堡」成立「機動卓越中心」（Maneuver Center of Excellence, MCoE）後，於 2010 年開始進行搬遷作業，並於隔年（2011）完成遷校作業。在歷史上，其實早在 1932 至 1938 年期間，裝甲兵就跟原名的「班寧堡」很有淵源，因為當時的戰車學校就位於此營區，只是使用的單位全銜不一

1　「諾克斯堡」的另一項特殊任務，便是守衛聯邦政府儲存於此的大量黃金及國寶。

樣罷了！隨著陸軍這兩個兵科合併的「機動卓越中心」成立，是否會讓裝甲兵有被規模大很大的步兵給「併吞」的錯覺？

　　在這段期間，美國有限度地在升級 M1A2「艾布蘭」主戰車系，置重點在應付城鎮戰的套件與設備，畢竟對付伊拉克和阿富汗那些沒有重裝備的游擊武力，出動這種 60 多噸重的傢伙根本是多餘。而在「史崔克」裝甲車家族中的諸多子型號，就屬 M1128 型 105mm 輪式突擊砲，該款車的產量佔總型號並不大（約 140 輛），但是卻成為新型部隊的「打手」，憑藉其優異的機動性和強大的直射火力，摧毀了大量的伊拉

+ 圖 4-4：由步兵和裝甲兵合併而成的「機動卓越中心」，標誌著兩種兵科未來作戰的緊密程度。（Photo/ 黃竣民攝）

克目標，成為前線官兵面對碉堡據點不可或缺的榔頭。但隨著美國陸續從伊拉克和阿富汗撤軍，其戰略又得從反恐戰爭轉變為與大國競爭，未來主要的對手將是傳統按編制裝備訓練的正規軍，不再是躲藏在山洞裡的游擊隊或夾雜於人群中的恐怖分子。也就是說，美國已經意識到對手實力的轉變，因此將資源投注到正規的項目上，連M1128「機動火砲系統」也不再受到青睞，而令其於2022財年結束時退役。

　　為了應對新的威脅，美國陸軍於2017年11月在喬治亞州的「班寧堡」成立了「下一代戰鬥車輛跨職能小組」（Next Generation Combat Vehicles Cross Functional Team）。 該團隊將使用快速、迭代的流程來進行能力開發，以降低成本並提高交付速度、避免技術落伍或採購風險。跨職能團隊邀集非傳統供應商和專家學者，並在定義作戰需求文件前，利用早期原型設計和士兵先進行實驗。主要開發以下領域的關鍵支援技術，包括：透過自主系統實現、提高未來機動編隊的有效延伸範圍；在致命、非致命和防護應用中如何利用定向能武器，提高生存能力和殺傷力；替代能源滿足平台的需求；先進裝甲材料的優化…。2018年「下一代戰鬥車輛」（NGCV）使陸軍能夠在對抗快速威脅的近距離戰鬥中實現戰鬥車輛的優勢。在未來的作戰環境中，它作為合成兵種團隊的一部分，透過有人和無人編隊提供決定性的殺傷力；因

此類似空軍無人機蜂群的作戰概念，未來在美國地面部隊也是可以預見。

　　在教育訓練上，裝甲兵學校也在 2019 年試驗新版的「一站式訓練」（One-station unit training），將裝甲兵（原 16 週）和裝甲偵察兵（原 17 週）的訓期，分別各再延長 6 週跟 5 週（雖然不如步兵延長到 8 週那麼多），主要是延長了在裝備上操作的時間（例如增加了 41 個小時的車輛故障排除和維修保養的上課時數；先期的訓練在此類課程僅約 7 小時）；裝甲偵察兵還增加對車輛識別的訓練。而在基本的實彈射擊方面，車組成員和下車戰鬥的裝甲偵察兵其所配賦的 M4 自動步槍（手槍），都會有更多的靶場射擊時數；戰車射手操作的 120mm 滑膛砲，也會維持在晝間 4 發、夜間 2 發的訓練水準。

＋ 圖 4-5：美國陸軍的 M2「布萊德雷」步兵戰車，不僅在研發過程中一波三折，連要接替它的「地面戰鬥車輛」計畫也是峰迴路轉！（Photo/ 黃竣民攝）

　　2018 年美國的國家軍事戰略又進行了調整，提出所謂「多域作戰」（Multi-Domain Operations, MDO）的戰略能力，旨在將聯合部隊從物理和功能上與政治上的聯盟分開，以應對競爭對手現在擁有越來越強大的「反介入 / 區域拒止」（Anti-access/Area denial, A2/AD）策略，因此在新的「瞄準點」（AimPoint）軍力規劃案中，預期目標是到 2035 年讓陸軍實現全面的多域作戰能力。不僅陸軍有大調整，連海軍陸戰隊也提出了所謂「2030 年戰力設計」（Force Design 2030）的兵力規畫，將在十年內（至 2030 年）全數裁撤裝甲兵及縮減相關兵科部隊，並準備為跨島鏈進行分散作戰為重點，至於重裝甲與下一階段的假想敵而言，似乎在太平洋的作戰中意義不大了。

+ 圖 4-6：美國海軍陸戰隊在「2030 年戰力設計」的兵力規畫，將在十年內（至 2030 年）全數裁撤戰車部隊，麾下約 450 輛的 M1A1 已在 2023 年陸續完成移交陸軍的作業。（Photo/ 黃竣民攝）

　　雖然美國幾十年來一直保持著空中和地面戰的優勢，但「多域作戰」與「地空整體戰」不同，它必須解決競爭和衝突發生在多個領域（陸地、空中、海上、網路和太空）的概念，並且未來作戰環境中的競爭連續體將存在多種威脅，因此新型裝甲部隊所使用的裝備除了應付傳統的威脅外，如何具備「網狀化作戰」中迅速獨立與聯合行動分合的能力，才是研究發展的重點；也就是各車的 C4ISR 功能得全面提升至一個境界，才能應對未來戰爭的威脅。因此如果有必要，美國的地面部隊將滲透並摧毀敵方的「反介入／區域拒止」（A2/AD）系統，並利用行動自由來實現戰略目標。這種針對俄羅斯和中國等裝備日趨精良的正規軍，美國除了得克服本身的預算限制和政治考量外，還有不同戰區的地理條件差異，因此部隊編裝的轉型計畫可能要更彈性、更靈活。

　　美軍為了應對當前威脅在近距離戰鬥中保持戰車上的優勢，因此在「下一代戰鬥車輛」的計畫上同時採取連鎖性的必要措施，因為它不僅僅只是規劃單一任務型式的車款，而是更廣泛性地為未來的部隊編裝提供車輛選項，這些包括：「裝甲多用途車輛」（Armored Multi-Purpose Vehicle, AMPV），包括五種任務型號（醫療後送車、救護車、機動指揮車、迫擊砲車和通用運輸車）取代老舊的 M113 裝甲車、「機動防護火力」（MPF）、「機械化步兵戰車」（Mechanized

Infantry Combat Vehicle, MICV）或稱之「可選載人戰車」
（Optionally Manned Fighting Vehicle, OMFV）、「機器人
戰車」（Robotic Combat Vehicle, RCV），包含輕型、中型
和重型，和「決定性殺傷平台」（Decisive Lethality Platform,
DLP），作為 M1「艾布蘭」主力戰車的替代品。

　　由於陸軍「武器和履帶式車輛採購」的預算帳戶，幾乎
全部由採購和改造地面作戰車輛的資金所組成，但這些撥款
額度每年都有不同的變化，連用於研究、開發、測試和評估
（RDT&E）的撥款也是如此。例如 2000 至 2009 年，用於
採購陸軍武器和履帶車輛的撥款平均為 56 億美元 / 年；2010
至 2019 年為 33 億美元 / 年；平均這 20 年每一年約 44 億美
元左右的支出。歷經幾年多次的空轉，「下一代戰鬥車輛」
的偉大計畫才終於在各個子項目中開花結果，正陸續交出成
績單中。

◆ M1A2「艾布蘭」主力戰車

　　由於整個蘇聯集團的瓦解，並沒有如先前預期的大規模
衝突或保障相互毀滅，而是以一種近乎是和平的轉換方式做
了一個交代，因此五角大廈先前所制定的政策已失去實用性，
被迫進行大幅度的調整勢在必行，這對軍工複合體當然也產

生巨大的影響，因為沒有更多的理由來說服民眾維持龐大的國防預算。而美國陸軍和海軍陸戰隊在戰車現代化的命運上就是一個很好的例子；因為標誌性的 M1「艾布蘭」主力戰車從推出之後，當時已經逼近 40 個年頭了！

這些資訊化裝備的提升，主要是二十世紀的後期在資訊技術領域上發生了巨大飛躍，陸軍得尋求利用新興的系統以掌握潛在的戰場優勢，而這種如何提高部隊在戰場上的感測能力，甚至從第二次世界大戰結束後就一直存在，因此也帶動了夜視裝備等相關產品的興起。這樣的擔憂不是無的放矢，因為在剛剛結束的「沙漠風暴行動」中，已經顯示出現代武器的殺傷力，遠遠超過射手和車長視野的辨識度，因此在那一場短暫的大規模衝突中，大約有 1/4 的美軍傷亡反倒是由友軍誤擊所造成的。當時陸軍部的裝備委員會曾有先見之明地建議，應該在每輛裝甲車上都配備定位系統，並將這些數據傳達給上級和友軍單位，而這也是後來美軍在「軍事事務革新」（RMA）上的建設重點之一。

由 M1A1 改良而成的 M1A2「艾布蘭」主力戰車，算是第二階段的改進型產品，首輛於 1992 年出廠，1993 年開始裝備給部隊進行汰換。M1A2「艾布蘭」配備「車長獨立熱顯像儀」（Commander Independent Thermal Vision, CITV），讓車長擁有 360°全景觀日夜監視、掃描並鎖定目

標、支援武器射擊；獨立的瞄準鏡，既不需要與射手共用，還可以大幅增加目標搜索的能力，更能降低對於發現威脅目標後的反應時間。而為了進行數位化與網狀化的作戰目標，「車間互聯資訊系統」（Inter-Vehicular Information System, IVIS）的搭載，更是一項新的里程碑。沒過多久，M1A2 的改良升級版又推出，這一項名為 M1A2「系統增強套件」（System Enhanced Package, SEP）的升級計畫於 1999 年展開，它在裝甲防護力上持續提升，也改進了電腦各系統的組件，以結合美軍推動的「21 世紀部隊」（Force XXI）轉型案。自 2001 年起 M1A2 SEP 透過「系統增強套件」計畫進行了現代化改造，其中一些是新生產的車輛，而一些是從舊 M1 和 M1A1 做升級到此一個標準。

這個名為「旅及旅以下戰鬥指揮系統」（Force XXI Battle Command Brigade and Below, FBCB2），歷經研製試驗階段（1996-2000）、實戰應用階段（2001-2006）和改進升級階段（2007-），是陸軍部隊數位化的重大轉折。它是藉由衛星、空中偵察機、地面部隊以及中央情報局等機構所獲取的資訊進行整合，利用嵌入式 GPS 導航定位設備和通信系統向旅、旅級以下各戰術指揮階層提供即時和接近即時的作戰指揮資訊、狀態感知資訊和友軍位置資訊，並能以三維的方式查看戰場地形和敵我態勢。陸軍藉由嵌入式設備以及系統

硬體、軟體和資料庫的組成，能夠大幅強化友軍追蹤、網路通信、態勢感知和指揮管制的能力。在這種「嵌入式作戰指揮」（Embedded Battle Command, EBC）的裝置上，歷經第 4 步兵師、第 1 騎兵師的實驗，讓 M1 戰車、M2 步兵戰車及直升機等主戰裝備都能成為一座資訊接收與發送的平臺。

　　而在對伊拉克進行掃蕩作戰時，美軍發現自家陸軍和海軍陸戰隊的 M1A2/M1A1「艾布蘭」主力戰車雖然具備極佳的裝甲防護能力，但是卻無法在城鎮的環境下發揮出戰鬥力，而且面對來自四面八方的威脅，呈現出適應不良的窘狀。為此，美軍為了保護車長和裝填手在探出砲塔上的安全，先是在砲塔的機槍架上焊上了防盾，作為一種應急的做法。後來才被迫開發出所謂的「戰車城鎮生存套件」（Tank Urban Survival Kit, TUSK），在 2006 年 8 月底，「通用動力陸地系統」收到美國陸軍的訂單，首先為支援伊拉克行動的五百多輛「艾布蘭」主力戰車安裝「戰車城鎮生存套件」，並在 2009 年 4 月全數換裝完成。後來接著授予「通用動力武器和技術產品」（General Dynamics Armament and Technical Products, GDATP）公司合約，生產裝備給 M1A2 戰車用的反應裝甲套件（包括 XM19 爆炸反應裝甲塊跟 XM32 爆炸反應裝甲瓦）；再陸續追加了安裝反即造爆裂物防護功能的底盤裝甲和裝填手熱顯像武器瞄準儀。

　　在這個「戰車城鎮生存套件」中區分成「TUSK Ⅰ」和「TUSK Ⅱ」的版本，值得注意的是這是根據戰況和任務需求，有時戰車只需安裝套件中的某些組件即可。「TUSK Ⅰ」提供重達 2.4 噸的防地雷「底盤裝甲」（Belly Armor）、駕駛手的「吊籃座椅」（Harness System Seat）、裝甲側裙的「艾布蘭反應裝甲塊」（Abrams Reactive Armor Tiles, ARAT）、「裝填手的機槍防盾」（Loader＇s Armor Gun Shield, LAGS）、「反狙擊手 / 物資槍架」（Counter Sniper/Anti-Materiel Gun Mount, CSAMM）M2 重機槍、車長操作的「遙控熱顯像儀」（Remote Thermal Sight, RTS）、「裝填手熱顯像武器瞄準器」（Loaders Thermal Weapon Sight, LTWS）、「裝填手頭戴式顯示器」（Head Mounted Display, HMD）、車尾的「步戰協同電話」（Tank Infantry Phone, TIP）和抗擊成型裝藥火箭（RPG）攻擊的車尾格柵裝甲（Slat armor）、「電力分配器」（Power Distribution Box, PDB）、還有安裝板條裝甲來保護引擎艙室。而「TUSK Ⅱ」則是透過在砲塔側面和裝甲側裙上安裝新的反應裝甲塊跟反應裝甲瓦（ARAT Ⅱ）提升防護能力，而車長也受到 360°防盾的保護，讓 M1 戰車透過這一系列的改進，提高在城市環境中的戰鬥與生存能力。

　　除了裝甲防護力一直被視為城鎮作戰環境下的焦點外，在砲塔上的功夫也下了不少，這也是讓所謂「遙控武器站」

+ 圖 4-7：部隊可視作戰任務從中選擇「TUSK Ⅰ」和「TUSK Ⅱ」的版本，圖為搭配「戰車城鎮生存套件Ⅱ」版本的 M1A2「艾布蘭」戰車。（Photo/US Army）

（Remote Weapon Station, RWS）成為新型裝甲車輛上標配的先驅。M1「艾布蘭」戰車從 M101 型（CROWS Ⅰ）、到 M153 型「守護者」（Protector）的（CROWS Ⅱ）、新型的 M153A1E1 型（CROWS-LP）「低輪廓遙控武器站」。以目前主力款 M1A2 SEPv2 所搭載「康斯伯格集團」（Kongsberg Gruppen）的 M153「守護者」而言，它能在 4 秒完成 360° 的迴旋，俯仰角度從 -20° 至 +60°，同時有雷射測距和熱顯像儀的畫面，能夠在日 / 夜間與行進間穩定地朝敵人射擊，雖然價格不斐，但卻讓官兵的生命獲得極大保障，得以繼續披堅執銳。目前更新版本的「低輪廓遙控武器站」（CROWS-Low

+ 圖 4-8：在 M1A2「艾布蘭」戰車的砲塔側面與
裝甲側裙，加裝了 ARAT 2 等級（XM32+XM19）
的爆炸反應裝甲。（Photo/US Army）

+ 圖 4-9：M1A2 SEPv2「艾布蘭」戰車砲塔上搭
載的 M153「守護者」型遙控武器站，使用 M2
型 .50 機槍，彈匣容量有 600 發。（Photo/ 黃
竣民攝）

Profile）已推出，正進一步在取代較舊型的版本；如果台灣採購的 M1A2T 戰車如預期搭載 M151「守護者」之類的「遙控武器站」（RWS），也將開啟國軍使用這類武器的新紀元。

綜觀台灣的 CM11 以及 M60A3TTS 戰車服役已超過 30 年，雖然 105mm 口徑的線膛砲搭配 DM63 翼穩脫殼穿甲彈以及 M456 系列的破甲榴彈，依舊擁有不俗的殺傷力，但是在防護力、機動力，以及現代數位化戰爭所需具備的指管能力，均無法在目前的戰場環境上佔得優勢。

　　近年，台灣最終以 405 億台幣的金額，向美方採購了 108 輛「M1A2T」的主力戰車，首批 38 輛預計將於 2024 年交運抵台，其餘將在 2026 年底前陸續交貨完畢。根據媒體的資料，台灣規格的 M1A2T 版本與美軍現役的 M1A2C 還是有差異，雖然它是以 M1A2 SEPv2 和 SEPv3 型號為基礎再進行一些修改，以符合美國在技術輸出的管制（如貧鈾裝甲）外，另一方面也滿足了台灣對於 120mm 戰車滑膛砲與先進彈藥長久以來的渴望，而讓國人厭倦了舊型戰車令人詬病的機動性，在 AGT-1500 型燃氣渦輪引擎進入後絕對會令人感到耳目一新，讓裝甲部隊在相對性敵軍裝備上不再感到矮人一大截。雖然對於主動防護系統還是一種幻想，短時間內恐怕也難以外購獲得或自行研發，但至少複合式的裝甲比起 M60A3 強得多。而且在國軍要跨入網狀化聯合作戰的門檻，「車間互聯資訊系統」成為關鍵的軟體戰力，屆時單車也能即時接收或分送不同軍種的戰場資訊，成為戰場上一個重要的資訊節點，便能大幅提升整體的作戰效能，這才是取得 M1A2T 戰車後期望能改變陸軍思維的工具啊！

　　在台灣的地形環境上，「艾布蘭」戰車能否發揮正常戰力連美軍的態度曾一度反覆，而國內對於重型戰車也一直存在著內部爭議，這就跟輪型與履帶車輛的爭執不休一樣。但就現實面而言，台灣的裝甲部隊實在很需要一款新戰車來作

+ 圖 4-10 ：AGT-1500 型燃氣渦輪引擎在機動力上的表現，絕對能讓裝甲兵有「飆車」的實力，但友軍步兵得避免出現在其後方，以免高溫先成了 BBQ 啊！（Photo/ 黃竣民攝）

為新世代的象徵，這雖然還有某部分是攸關士氣的成分存在，但實際上隨著 M1A2T 戰車的引進，勢必會為裝甲部隊落伍的操作觀念與戰術思想做出一定程度的改變與提升。例如，儘管配備複合式裝甲的 M1A2T 雖然為外銷裝甲，但防護力仍然遠勝國軍現役的所有戰甲車款；而來自德國工藝基礎的 M256 型 120mm 滑膛砲，所使用的 M829 系列翼穩脫殼穿甲彈，幾乎可貫穿解放軍現役的所有戰甲車，即便是使用鎢合金彈芯的 KEW 系列彈種仍可給予共軍一定程度的殺傷力；另外，若使用 M830A1 多用途彈藥（MPAT）的話，甚至具

有打擊空中目標（旋翼機、無人機）的能力，對於裝甲部隊薄弱的防空能力而言，至少也多了一種反制的手段。

而 M1A2T 戰車的射控系統雖然不是跟美軍 M1A2 SEPv3 同等級，但白晝鏡放大倍率可切換 3 倍或 10 倍，依然遠勝現役的 CM11 及 M60A3 戰車（8 倍），而熱像鏡最多更可選到 50 倍。更清晰的瞄準裝置，在更遠的接戰距離便能取得優勢，這在「第一次波灣戰爭」時，伊拉克戰車部隊在夜戰上就吃過大虧。另外，M1A2T 戰車配備的車長獨立熱像鏡（CITV）能實現「獵 - 殲」能力，當車長賦予目標給射手接戰後，車長立即可用獨立熱像鏡繼續搜索其他目標，新目標一經被發現，車長只要按下車長超越握把上的目標賦予鍵後，砲塔即可立即指向新的目標，車長可選擇由射手接替接戰或自行解決目標以大幅地提升接戰效率。

而台灣西部沿海的城鎮居多，這原本就較限縮了裝甲部隊的運用空間，但也表示出戰車在城鎮作戰上勢不可免，而 M1A2T 搭載的 M153A2E1 CROWS-LP 低輪廓版遙控武器站，可讓車長於砲塔內操作 M2A1 型 .50 機槍，減少了以往車長為了操作機槍時，經常得在槍林彈雨中冒險將上半身探出砲塔外而遭敵軍狙殺的風險；而車長裝甲護盾以及裝填手機槍護盾，也一定程度提昇了乘員的城鎮戰生存能力，這些都是前期車款沒有的防護考量。

同樣地，駕駛位置加裝了「後方影像感測系統」（Rear View Sensor System, RVSS），可藉由駕駛位置的「駕駛影像顯示面板」（Driver's Video Display, DVD）以及「尾燈攝像總成」（Taillight Camera Assembly, TCA）來觀察戰車後方的影像，減少戰車周邊的觀察死角，並提升車輛的態勢感知能力。另外值得一提的是 M1A2T 戰車內建的診斷系統，透過不間斷的自我測試（戰車自行執行，無須人工操作），即可讓戰車乘員於第一時間即掌握車輛的故障樣態，並依故障程度選擇執行故障排除或繼續作戰，與以往科技成分較低階的 CM11 或 M60A3 戰車，必須經由戰車乘員或維保人員使用測台測試才能得知故障程度有很大的差異；以往多要等到戰車故障了，乘員才會知道戰車有狀況。

其實 M1A2T 戰車最特別的升級能力，就是加裝了「戰場管理系統」（BMS），該系統除了讓車長能在第一時間掌握戰車當前狀況外，亦可同步掌握敵我戰場資訊的變化，相當大程度地免去了以往為了要掌握部隊動態而依賴無線電機頻繁通聯的舊式指管方式，現在只要觀看戰術螢幕即可掌握位置及相關的動態。這對於國軍目前大力推行的「去中心化指揮管制」作法，在陸軍部隊中可以成為領頭的單位，因為透過戰場共同圖像，讓前線單車作戰的官兵隨時能互通且共享戰況（隨系統的更新，友軍情資亦能整合），有利於各級

指揮官的決心下達，大幅縮短等待作戰命令及反應的時間。

　　台灣在獲得 M1A2T 戰車後的另一個潛在價值，是預留了日後升級的空間，一旦未來有新的系統需要鍵入，只要經由軟體的更新，即可延長使用壽期，並讓單車即可成為聯合作戰中的一個載台，以便支援「馬賽克作戰」（Mosaic Warfare）或「網狀化作戰」（Network-Centric Warfare）的概念。

◆ M1A2C「艾布蘭」主力戰車

　　儘管 M1A2 SEPv2 已經是多年來持續改進的型號，但為適應未來所要面臨的高強度戰爭型態，美軍仍決定對全車實施改進，而 SEPv3 正是此思想下的產物。所以美國於 2015 年推出最新型號的 M1A2 SEPv3 原型車測試，也就是所謂的「第 3 版系統增強套件」（System Enhanced Package v3, SEPv3），後來完成測評之後則改名為 M1A2C。[2] 並於 2017 年交付美國陸軍開始服役，也是目前美軍裝甲部隊服役的主力型號，更是台灣軍購型號最貼近的版本。這次不同於 M1A2 SEPv2 的升級重點，是針對當時在伊拉克環境所面臨

2　由於眾議院的軍事委員會抱怨 SEP 的名稱太長且複雜，因此 SEPv3 於 2018 年 9 月獲得了新名稱為 M1A2C 型，而未來的 M1A2 SEPv4 也同時先被命名為 M1A2D 型；不過後來 D 型卻沒有沿用的機會了。

的城市戰鬥，著重於增加通用遙控武器站，使車長能夠在戰車內部安全地射擊車外目標，並透過「戰車城鎮生存套件」的模組化拆裝，改善戰車側面和正面的裝甲防護力，並恢復了車尾的步兵電話，以便讓隨伴步兵更好地與戰車進行協同作戰。2020 年 12 月，「通用動力陸地系統」公司再度獲得一份價值 46 億美元的合約，為美國陸軍生產 M1A2 SEPv3 主戰戰車，這一批預計將於 2028 年 6 月完成交付。

M1A2 SEPv3 型「艾布蘭」戰車的設計保留了 M1A2 時的布局，駕駛室位於車體前方的居中位置，砲塔位於車體中間，動力裝置位於後方。該戰車整合了現場可更換的模組化技術，稱為「車輛健康管理系統」（Vehicle Health

+ 圖 4-11：現在美軍的 M1A2C 是主力車款，也是搭載「第 3 版系統增強套件」的水準，它是應對常規戰爭敵對主力戰車的威脅為升級重點。（Photo/GDLS）

Monitoring System, VHMS）和「線路可更換模組」（Line Replaceable Module, LRM）以改善維修的作業降低後勤困擾，讓野戰保修技工可更輕鬆地為車輛更換主件。在電力分配上，新增改進型安培交流發電機、繼電滑環、增強型底盤配電單元、通用遠端開關模組，以及電池監控系統等，並預留未來繼續升級的電子系統能提供足夠的電力。同時，原本在底盤左後方裝甲下的備用電瓶，也改成「輔助動力系統」（Auxiliary power unit, APU），這一座 1000 安培的發電機組能讓戰車在不發動引擎的情況下，除了減少引擎噪音及暴露機會外還能保持動力待命，讓指管與射控系統可以持續運作，從而節約燃油消耗並提高行駛效率。該型號也很容易辨識，因為它有一個小排氣管給左後部的新發電機專用。

在火力與射控上的提升，在 M1A2 SEPv3 型上，增加「彈藥資料鏈」（Ammunition Data Link, ADL），早在 1990 年代美國和德國就討論過這一種概念，當時德國對於空爆彈藥有需求，但美國卻沒有，只是看出這種未來彈藥的發展潛力，之後德國完成 120mm 的 DM-11 型空爆彈藥的開發，後來海軍陸戰隊還採購這一型彈藥。現在美國透過將 M256 砲閂和面板的改進，可讓射控系統對新式的 M829A4 翼穩脫殼穿甲彈和 XM1147「先進多用途」（Advanced Multi-Purpose, AMP）彈藥下達指令，以發揮出最大的威力。而採

+ 圖 4-12：參加 2017 年「堅強歐洲戰車挑戰賽」的美軍 M1A2C「艾布蘭」
戰車，可以見到高聳的遙控武器站，車尾的右後方也恢復步兵通話器
的裝置。（Photo/ 黃竣民攝）

+ 圖 4-13：在 M1A2 SEPv3 型主力戰車配備了「下一代進化裝甲」，交
付期程將於 2028 年 6 月完成。 （Photo/US Army）

用「雷神」（Raytheon）公司的「前視紅外線」（Forward-looking infrared, FLIR），以改善戰車的瞄準和監視能力。砲塔上的「車長遙控武器站」也更換為新式的低輪廓型號（CROWS-LP），以減少截面積外同時增加車長的視野。

在裝甲防護力上的升級方面，M1A2 SEPv3 型上配備了「下一代進化裝甲」（Next Evolution Armor），在外型上砲塔正面配備了厚厚的附加裝甲板讓正面裝甲線條不同，而新的砲塔也更長，據稱防護力還更勝原本的第三代衰變鈾裝甲，對於俄羅斯、中國等愈來愈先進的反戰車武器威脅，能強化抵禦化學能彈（CE）或動能穿甲彈（KE）。而面對地雷和即造爆裂物的威脅，除了能在底部裝備抗炸裝甲外，2017 年的新配備還在砲塔後部安裝了全新的電子戰套件，能夠干擾遙控引爆的即造爆裂物，增進對於地雷和即造爆裂物的防護力，讓戰車能在更複雜的路面上具有更強的戰場生存性。另外在砲塔兩側各裝有 M250 或 M257 煙霧彈發射器，或是透過「車載引擎發煙系統」（Vehicle Engine Exhaust Smoke System, VEESS）來施放煙幕，以掩護自身行動與降低敵軍辨識。除了裝甲本身的改進外，更值得關注的是開始搭載「主動防護系統」（Active Protection System, APS）；雖然這種產品前蘇聯早在 1970 年代後期就開發；並於 1983 年正式安裝在俄製的 T-55AD 型戰車上，名為「畫眉鳥」（Drozd）的主

動防護系統算是世界上首款服役的同型裝備鼻祖，旨在提高戰車的防護能力。前蘇聯製的「畫眉鳥」主動防護系統可以攔截最高速度達 700 公尺／秒的來襲火箭或飛彈，並使其在距離戰車 6.6 公尺的範圍內被摧毀；如果第一枚攔截失敗，第二枚攔截彈可在第一枚後 0.35 秒內發射。蘇聯人認為「畫眉鳥」系統對來襲的反戰車飛彈和火箭彈有 70% 的攔截率，只是對動能彈藥則無能為力。改良版的「畫眉鳥 2」（Drozd 2）則可以攔截最大速度為 1,200 公尺／秒的飛彈和火箭，距離車輛 7-10 公尺範圍內的目標，且攔截成功率據稱可達 80-90%。

有感於近年來反戰車導引飛彈、無人機的威脅驟增，戰

✦ 圖 4-14：在 M1A2 SEPv3 上搭載以色列製的「戰利品」主動防護系統，透過雷達偵測並判讀來襲威脅物體後，會採用主動「硬殺」（Hard-kill）的方式進行反制。（Photo/US Army）

車容易受到來自各方向的攻擊，單純想被動地增加裝甲厚度已經無力解決這一個問題，而且還讓車體重量直線上升，甚至達到令人無法接受的程度，也直接限縮了主力戰車的戰場運用空間（地形、橋樑、運輸…），故配備主動防護系統已成為提高戰車生存率的顯學。簡單地說，其實主動防護系統在本質上是戰車的小型飛彈防禦系統。

　　為了使美國陸軍迅速現代化，以應對未來的各類型衝突，於是在 2018 年 8 月底新成立了「未來司令部」（Army Futures Command, AFC），旨在節約開發系統的時間改善陸軍的採購。這也是美國陸軍從 1995 年至 2009 年間，花費掉 320 億美元的「未來作戰系統」等項目失敗後，才又有新作戰系統的部署計畫。在該司令部成立之初便聚焦於六個優先事項：「遠程精確火力」（Long Range Precision Fires, LRPF）、「下一代戰車」（Next Generation Combat Vehicles, NGCV）、「未來垂直升降平台」（Future Vertical Lift, FVL）、「移動和遠征陸軍網路」（Mobile & expeditionary Army network）、「防空／飛彈防禦能力」（Air and Missile Defense, AMD）和「士兵殺傷力」（Soldier Lethality, SL）。其中的主動防護系統，則是在「下一代戰車」的項目中正式被列為戰車現代化的計劃。陸軍在 2018 年也宣布在其戰車上安裝以色列「拉斐爾」（Rafael）製的「戰利品」（Trophy）主動防護系統，優先對駐

縶在歐洲的 M1A2 SEPv2 戰車進行升級，首輛於 2019 年 3 月推出；這也是目前美軍唯一採用的主動防護系統，但這並非「標配」，而是得依據任務需求安裝（一輛配備 4 發攔截彈）。根據美國陸軍 2019 年度的資料，總共有 261 輛 M1A2 戰車加裝「戰利品」主動防護系統，未來的數量將會有更多。

在這裡不得不提到主動防護系統在美軍的發展，早在 21 世紀初期作為美軍「未來作戰系統」的一部分，2005 年美國國防部「部隊轉型辦公室」（Office of Force Transformation, OFT）要求評估當時主動防護系統在伊拉克的潛在使用狀況。後來美軍就有想在主力戰車、步兵戰車和「史崔克」裝甲車上安裝主動防護系統的想法。而根據美國政府「問責署」（GAO）在 2007 年所發布《用於評估主動防護系統的流程分析》的國防採購資料中，明確地將本系統的評分標準列出（如下表）；但後來因為「未來作戰系統」的草草收場，當時只有測評、而並沒有進入實質的採購程序。

評分標準	評估內容說明	比重
性能	生存能力、後勤保障和可靠性	35%
成本	安裝到 500 輛車的平均單位生產成本	25%
負擔	包括系統特徵、重量、體積、功率和整合的複雜程度	20%
風險	技術、開發進度和成本風險	15%
發展潛力	系統成長潛力可應付全方位的威脅	5%

　　自 1973 年「贖罪日戰爭」以來，反戰車導引飛彈已成為戰（甲）車的最大威脅，經過數十年攻防的演進後發現，車體裝甲抗打擊承受力已經到了極限，這迫使工程師們得尋求他法得在飛彈來襲前干擾或擊落它。綜觀俄羅斯、法國、德國、中國、以色列、南韓…等國都已經有推出相關的產品，但主動防護系統的發展路徑也不外乎是以「發射器式」（Launcher）和「分布式」（Distributed）兩大類型為主，但由於作用的模式不同，這其中也會呈現不同的優 / 缺點，例如「戰利品」就無法攔截敵軍戰車砲射來的穿甲彈，而只能攔截飛行速度較慢的 RPG 或反戰車導引飛彈，對於戰車周邊的隨伴步兵而言也較危險。雖然美國也陸續測試過包括：美國「雷神」公司的「速殺」（Quick Kill）、「阿蒂斯」（Artis）公司的「鐵幕」（Iron Curtain）、德國「萊茵金屬」公司的 ADS（Active Defence System）、以色列的「鐵拳」（Iron Fist）和「戰利品」…在這些實彈的一系列測試中，「戰利品」的表現出色，據稱它摧毀了 38 枚來襲火箭彈中的 35 枚；迄今，它也是世界上實戰經驗最豐富的主動防護系統，使用國還在陸續增加中。

　　M1A2C 型「艾布蘭」戰車之所以在這一型號取得數位化作戰的優勢，除了能透過「車間互聯資訊系統」讓車輛可以向本軍或友軍傳送諸如座標、敵軍位置…等重要資訊，由

於這種系統構聯而成的戰場情報網路，讓「艾布蘭」主力戰車在資訊戰中的龍頭地位更加穩固。「車間互聯資訊系統」是戰術資訊系統的基礎，經過多年實驗部隊的測評之後，大幅提高了指揮官對於戰場迷霧的困擾程度，能夠在快速移動的情況下整合聯合兵種之間的作戰。其主要應用領域為連續不間斷並準確的目標位置、友軍定位、強化的導航能力，在實證下；單車回報自身位置的準確度提高了98%、全排準確度則提高了59%。另外在任務效率上也有所提高，戰車組、排和連級的規劃時間減少50%以上；完成的排進攻任務加快25%；執行排防禦任務加快34%；排級任務執行時間縮短42%；連級任務執行時間則減少33%。利用數位電子和軟體技術融合諸多資訊而成的不同作戰圖像（Operations overlay），從而能夠快速、準確地評估戰場情況，讓部隊從事最有利的分散、集中和火力打擊。新式的車載「聯合戰場指揮平台」（Joint Battle Command – Platform, JBC-P），以及與之對應的聯合戰術無線電系統等，也將手持式、單兵攜帶式和小型無線電的聯合戰術無線電系統進行整合，以確保通信網路構連以及能和「旅級戰鬥隊」做資訊鏈結。不得不說，在「多域戰」的陸軍轉型概念下，美軍在數位化與網路作戰系統上的提升的確還是處於絕對領先的地位。

雖然美軍於2020年年底才在德州的「胡德堡」（Fort

Hood）接收 M1A2C 戰車，而「通用動力陸地系統」公司也獲得生產／升級該型主力戰車的合約，但早在 2017 年該公司就已經簽署合約，要繼續開發 SEPv4 的版本，該型升級版本於 2022 年測試期間首次被發現，原本預計將在 2025 年開始服役。在這一個升級的版本中，車長與射手的瞄準系統配備第 3 代「前視紅外線」（FLIR）感測器，讓接戰效率從原本的「獵 - 殲」（Hunter-Killer）進入更夢幻、卻可能是華而不實的「殲 - 殲」（Killer-Killer）境界。車載的氣象感測儀器可以對風向做出更精細的修正，以提高主砲的命中率。而在這一版本中也簡化了彈種讓接戰效率提升（只攜帶 M829A4 與 AMP 兩種砲彈），透過「彈藥資料鏈」的功能，讓射手將 AMP 彈藥設定為瞬發、延遲或空炸引信，取代先前破甲榴彈、戰防榴彈與人員殺傷彈的繁瑣選項。另外還在數位資料鏈路的通信與數據共享上做改進、更先進的自我診斷系統，可以快速精準地將車輛各系統狀況讓車組乘員掌握…。不過所謂的「系統增強套件」（SEP）的名稱也在第 4 版被劃下休止符，測試車於 2023 年 1 月推出；同年 9 月升級案就被正式取消，成為非常短命的版本。美軍實在不想讓主力戰車的重量再繼續這樣堆疊上去，陸軍計畫開發的新升級版本，已經明確被指定名為 M1E3 型，而「減重」成為另一個關鍵的要素。

◆ M1128「機動火砲系統」

由於 M8「裝甲火砲系統」被白白虛晃了一招後，M551「謝里登」輕型戰車還是一樣苦無接替車種，而且在冷戰結束後，美國軍方認為當時裝甲車的設計主要是為了在歐洲對抗蘇聯機械化部隊，不太適合美軍執行 21 世紀初期的低強度行動。美國陸軍於 20 世紀的最後一年推動一項名為「目標部隊」（Objective Force）的轉型計劃，該計劃的早期階段就要求引進「臨時裝甲車」（Interim Armored Vehicle,

+ 圖 4-15：即便戰爭型態正在改變中，美國陸軍的 M1A2「艾布蘭」主力戰車還得服役好長一段時日。（Photo/ 黃竣民攝）

IAV），目的就是填補重型車輛不易部署的戰力間隙（如 M2 步兵戰車和悍馬車）。

　　當時美軍的主要任務是執行所謂的「非戰爭時期軍事行動」（Military operations other than war, MOOTW），針對地區衝突和恐怖組織，反而需要的是快速部署所謂的中型旅級戰鬥隊兵力，因此軍方需要挹注資源成立一支臨時車隊來實現這一目標。為此新成立的部隊，美軍鎖定了一些車款隨後展開了一系列的測評，這些除了美國本身的有 LAV 300 Mk. Ⅱ、M8 輕戰車、「龍騎」（Dragoon）、「輕型機動戰術載具」（Mobile Tactical Vehicle Light）外，還包括奧地利的「潘杜爾」（Pandur）M1117、加拿大 LAV Ⅲ、新加坡的「比奧尼克斯 25」（Bionix 25）、法國「雷諾」的 VAB、德國的「狐」（Fuchs）式⋯等車款。雖然車款功能需以步兵運輸車為主，通用性與擴張性也會被列入考量，經過一番折騰後，由「通用動力陸地系統」（GDLS）的 LAV Ⅲ獲得青睞，成為這一個世代的主力過渡車款。由於訂購的數量龐大（約 4,500 輛的各任務型車款），美軍為紀念獲頒國會榮譽勳章得主的二位士兵：史都華・史崔克（Stuart S. Stryker）和羅伯特・史崔克（Robert F. Stryker），才特別以此命名，而這樣的部隊也稱為「史崔克旅級戰鬥隊」（SBCT）。

正式編號為 M1128 的「機動火砲系統」（Mobile Gun
System, MGS），其實是「史崔克」八輪裝甲車系列家族的
一份子，該車系原是瑞士「摩瓦哥」（MOWAG）公司為加
拿大製造的八輪「食人魚Ⅲ」（Piranha Ⅲ）型裝甲車的重新
設計版本，並由「通用動力陸地系統」公司所開發。美國陸
軍採用 M1128 的「機動火砲系統」，其實是接替了 20 世紀
末期取消的「裝甲火砲系統」。有趣的是，當初的 M8「裝
甲火砲系統」也再次參與競標，畢竟是先前因預算被取消而
不是不符合測評，所以應該是贏面最大的產品卻又再次中箭

+ 圖 4-16：「機動火砲系統」的 105mm 砲並非針對主力戰車為打擊對象，而是協助步
兵清理碉堡工事、輕裝車輛或步兵為主。（Photo/ 黃竣民攝）

落馬，結局的確令人大感意外。

「史崔克」八輪甲家族中的 M1128「機動火砲系統」，其實是以 LAV III 裝甲車的車體，車體採用高硬鋼材的焊接技術，內襯有功夫龍防裂襯裡，可防禦基本輕兵器火力和砲彈碎片的威脅。動力系統搭載的是「卡特彼勒」（Caterpillar）3126 型六汽缸四衝程的直列式渦輪增壓柴油引擎，搭配「艾里森」MD 3066P 型變速箱（6 個前進檔、1 個倒退檔），最大輸出馬力 350 匹，採用液壓氣動懸吊系統，公路最大速度約 100 公里／時，油箱為 200 公升，公路行駛距離 480 公里。由於要從 C-130 運輸機上進行運輸，因此設備的尺寸和重量均受到限制（初期設計的重量不超過 19 噸），這項限制也直接影響了防護力上的缺陷（包括：車長機槍、105mm 主砲、液壓迴路分離…）。這些在對付民兵勢力或游擊武力時或許不明顯，但面對正規軍的戰車可就完全不是那回事！

在 M1128「機動火砲系統」車上搭載的是看起來只有骨架的無人砲塔，它其實是當時在 1980 年代也參與「裝甲火砲系統」競標的「泰萊達」（Teledyne）遠征戰車所用；「通用動力」是以這種「低輪廓砲塔」（Low profile turret, LPT）為基礎，經過修改與調整後安裝在 LAV III 裝甲車上。儘管它看起來像是一個無人砲塔，但實際上卻是一個有人的砲塔，因為車長席位安排在砲塔的右側，射手席位在左側；

+ 圖 4-17：早期的「機動火砲系統」沒有空調常造成電腦過熱故障，後來才加裝了空調管理系統，但這顏值一看便瞬間扣分不少。（Photo/ 黃竣民攝）

但艙口的設計卻不大，一般在緊急情況下乘員是很難逃脫。儘管砲塔環夠大，搭載的這一門 M68A1E4 型 52 倍徑的 105mm 低後座力砲，也是經過輕量化的改良版本，砲塔採用電動模式調轉可全圓周旋轉，主砲俯仰角度為 -5°至 +15°，水平轉向 45° / 秒，具備雙軸穩定能夠在行進間射擊。主要能夠射擊高爆 / 高爆塑膠彈藥（HE/HEP）以摧毀碉堡工事或堅固陣地、M900 型動能彈藥（KE）則用於對付二級裝甲車輛、高爆反戰車（HEAT）彈藥消滅輕裝甲車輛、人員殺傷彈藥（CAN「罐彈」）則是打擊徒步的步兵用，能類似散彈槍一

樣炸出 3,200 顆碳化鎢彈，將 75 公尺寬的進路清除至 300 公尺，殺傷所有在這距離內的步兵。

採用這種頂置的外露砲塔在美軍戰車裡或許很先進，但這在作戰使用與日常的後勤維保上卻完全不是那麼一回事，因為缺乏裝甲防護的砲身，即便是被敵軍的破片或小

+ 圖 4-18：M1128「機動火砲系統」車上結構複雜、且維護成本高昂的自動裝填裝置，或許成為壓垮它的最後一根稻草。（Photo/US Army）

+ 圖 4-19：「機動火砲系統」車尾的雙開式尾門內為自動裝填裝置，無法讓乘員出入時使用，砲塔後方的上下對開式的小閘門，則為射擊後彈殼拋出時會打開。（Photo/黃竣民攝）

口徑火砲擊中，也可能會失去戰鬥力。而時髦的自動裝填系統後來更成為它的死穴，這一個複雜的設計維護成本很高，它有三段式設計才能使砲彈進膛，設於砲塔籃車長與射手之間的前待發轉輪彈匣內有 8 發，在它後方的儲備轉輪式彈匣內有 10 發，合計備彈 18 發（一般裝載 10*HEP+4*HEAT+2*CAN+2*KE）。但是從物理角度來看，似乎主砲得回正（面向 12 點鐘方向）時才能進行自動裝填，它的平均射速為 6 秒 / 發，發射後的彈殼會從砲塔後艙口拋至車外，因此車後不得有友軍站立。而完全只能依賴全自動裝彈機裝填的彈藥一旦發生系統故障，這整門砲就只能當擺設用而已，無法以人工替代，它或許也成為後來壓垮「機動火砲系統」的最後一根稻草！

　　早期的「機動火砲系統」還沒有配備空調系統，因此電腦經常過熱當機，士兵被要求穿著具有冷卻功能的背心。後來進行翻新後才安裝了空調管理系統來幫助冷卻車輛的電子設備，但這外掛在右側前方的大型冷凝器，看起來瞬間就讓它的顏值降低不少，原來的工具架則移至駕駛手後面的車頂。車尾的大型雙開式尾門維持不變，但內部被自動裝填裝置幾乎塞滿，只能提供機具維修或彈藥人工再裝填時使用，無法讓乘員出入使用。而這一批「機動火砲系統」的車體還是採用平底的底盤，難以應付即造爆裂物（IED）或反戰車地雷

的傷害，但其他的家族型號已經陸續進行雙 V 型車體改裝的防護升級作業，唯獨 M1128「機動火砲系統」被排除在外，等待汰除跟報廢的命運。

美國其實也不是所謂「輪型突擊砲」的翹楚，不然美軍在發展「史崔克」旅時，也不用跟義大利先調借「半人馬」（B1 Centauro）八輪裝甲車來培訓官兵，而且美軍設定它的角色，也並非是要跟主力戰車對抗，不像義大利發展相對成熟的「半人馬 II」（Centauro II）型裝甲車，已成為第一款正式取代主力戰車的輪型裝甲車，搭載 45 倍徑的 120mm 低

+ 圖 4-20：雖然義大利的「半人馬 II」型裝甲車，是一款取代主力戰車的輪型裝甲車，但美國後來仍然放棄這樣的定位。（Photo/ 黃竣民攝）

後座力砲，具備第三代主力戰車的打擊能力。當戰略環境出現轉折性的變化後，運作成本又居高不下，卻無法對付新對手的 M1128「機動火砲系統」，很快就在陸軍的裝備清單上被抹去，成為一種時代的眼淚。

無論如何，「史崔克」裝甲車的確扛起了「臨時裝甲車」這一個世代的任務，而且繼續以升級中口徑武器系統、更新反戰車導引飛彈、安裝遙控武器站、強化防護車體…等手段確保讓輪型裝甲車繼續服役；但 M1128「機動火砲系統」卻夾在重量限制和無力對抗未來反戰車導引飛彈的威脅中，成為戰場角色認同的危機，而當 M10「布克」輕型戰車確定裝備部隊後，它也只能在時代的潮流下功成身退了。

第五章

新時代挑戰
（2022-）

隨著上一個世代美國陷入於伊拉克和阿富汗反恐戰爭的泥沼，直到 2021 年 8 月底撤出阿富汗，結束美國最漫長的軍事行動後，在這一段期間因為海外部署重點都在執行非傳統的地面戰事，因此重裝的主力戰車歷經了發展停滯的階段，美軍也幾乎沒在這一個領域繼續挹注資源搞創新研發，因為截至 2020 年時，美國估計已為阿富汗和伊拉克戰爭的直接成本舉債了 2 萬億美元。對於主力戰車而言，頂多都是在現有的載台上玩升級作業，畢竟要對付的敵人相較之下根本是殺雞用牛刀。

儘管美軍已從伊拉克和阿富汗結束軍事行動，但陸軍在 2001 年至 2016 年期間一心專注於反叛亂的綏靖作戰，這將近 20 年的時間裡幾乎沒有新的主戰裝備進入陸軍服役，這已使得陸軍無法對關鍵作戰能力進行現代化的改造，而這些能力正是現在進行近乎同等競爭所需要的。從 21 世紀開始，美國陸軍或海軍陸戰隊唯一接獲服役的新型戰鬥車輛系統是「史崔克」裝甲車，和數量龐大的「防地雷反伏擊車」；光是從 2007 至 2012 年期間，美國就在伊拉克和阿富汗戰場部署了超過 12,000 輛的「防地雷反伏擊車」。但這些車輛在對付大國的正規裝甲部隊根本起不了啥作用，戰後便紛紛被封存，但作為一種能快速突破敵方防線，同時運用大量火力消除障礙物的主力戰鬥車輛，卻苦無新款接替。

　　無獨有偶，美國海軍陸戰隊也在 2020 年夏季提出了「2030 兵力結構」（Force Design 2030）的規劃案，表示未來不再對地面戰的重裝武器過度仰賴，而將聚焦於轉型成更輕便、機動性更強的先鋒部隊，以適應於太平洋上的島嶼爭奪活動，但坦克在對付中國卻一點幫助也沒有，因此毅然決然地將戰車營全數裁撤。陸戰隊為數約 450 輛的 M1A1 型主力戰車，就這樣在 2023 年之前已全數移交給陸軍，此舉更令人憂慮戰車未來在地面部隊中的價值。美國自阿富汗撤軍後，將把戰略重心全力轉向與中國、俄羅斯做競爭的準備。但美

軍在伊拉克和阿富汗戰爭期間，部隊的訓練活動規模便一直在縮減，甚至近幾年來，本土基地的實彈演習很少超出連級水準，令人不得不擔憂新一代的部隊領導者要如何面對另一種型態的敵人。

當俄羅斯在 2022 年 2 月對烏克蘭展開「特別軍事行動」後，因為在衝突初期，烏克蘭軍隊成功阻滯了俄羅斯的坦克大軍，並使其造成了大量的損耗，造成國際上的一種錯覺，還讓「戰車無用論」的學派繼「贖罪日戰爭」後再次甚囂塵上。根據美國的情報顯示，2022 年 2 月俄羅斯揮軍進攻烏克蘭時的兵力約有 36 萬，動用了 3,500 輛坦克，13,600 輛各型步兵戰車及裝甲車；但在 2023 年底時已損失 2,200 輛坦克，4,400 輛各型戰甲車，損失率超過 3 成。儘管認為烏克蘭戰爭敲響了坦克的喪鐘大有人在，但隨著戰事的拖延與僵持，事實上戰車沒能在戰場上消亡，而且還在未來會發揮出重要作用，因此基輔得繼續大力向西方要求軍援坦克；型號包括美軍提供的 M1A1「艾布蘭」坦克、德國的「豹 II」、英國的「挑戰者」…等。然而西方期待的大反攻在 2023 年劃下句點，多次不協同的反攻行動均以失敗告終，還讓西方軍援的坦克大量折戟。

在烏克蘭遼闊的戰場上，凸顯出對裝甲兵更高防護的迫切需要，但傳統的俄系坦克卻做不到，諸如俄羅斯裝甲部隊

主力的車款，T-72 主力
戰車的彈藥設計是儲放
在車底，很容易引起致
命的「玩偶盒」（Jack-
in-the-Box）效應，中
彈後會像「羅馬蠟燭」
（Roman candle）一樣
放煙火。但戰場上使用
西方軍援坦克的烏克蘭
軍隊，許多中彈後的車
輛卻依舊能夠確保車組
乘員活命，這也讓世界
各國的軍事觀察家意識
到東西方主力戰車在設
計上的重點差異，所造
成的不同結果。儘管烏
克蘭陸軍的裝甲兵在訓
練上無法在戰場上取得
優勢，甚至說難聽一些，
西方軍援的主要裝備都
是被拿去當「消耗品」

+ 圖 5-2：2022 年 2 月俄羅斯對烏克蘭展開
「特別軍事行動」後，烏克蘭軍隊使用大量反
坦克飛彈摧毀俄羅斯的戰甲車，再次讓「戰
車無用論」甚囂塵上。圖為烏克蘭自製的「鐮
刀」（Skif-P）反坦克導引飛彈，甚至還有
擊落過兩架俄軍「卡 -52」（Ka-52）武裝直
升機的記錄。（Photo/ 黃竣民攝）

+ 圖 5-3：俄系戰車的自動裝彈機設計，通常
讓彈藥儲放於砲塔下方，而在坦克中彈後
容易引起致命的「玩偶盒」效應，產生殉爆
的嚴重後果而危及乘員生命。（Photo/ 黃
竣民攝）

而已，根本止不住俄羅斯的戰略企圖，但操作這一些西方的坦克去作戰，卻在無形中給他們有更大的信心跟安全感。

回顧美國最近的一次現代化工程已經是 20 世紀的 80 年代，當時還在激烈的冷戰對峙期間，美國陸軍採購了所謂的「五巨頭」（The Big Five）系統：部署了 M-1「艾布蘭」主力戰車、M-2「布萊德雷」步兵戰車、「黑鷹」（Black Hawk）和「阿帕契」直升機，以及「愛國者」（Patriot）飛彈系統。如果以每隔 40 年就需要進行一次部隊大轉型的話（1940 年、1980 年），現在美國陸軍的坦克技術已失去了競爭優勢，正好進入這一個轉變週期的契機與時刻。看看那M-1「艾布蘭」主力戰車 1980 年推出時，它無疑是世界上最好的坦克之一；但現在都已經在 21 世紀經過了第一個世代，連昔日冷戰期間的競爭對手；後來被美國以軍備競賽給拖垮經濟的俄羅斯，都已經於 2015 年推出了名為 T-14「阿瑪塔」的新型坦克。雖然 T-14 因為其高單價，而讓裝備進入俄羅斯裝甲部隊服役的期程不斷受到延宕，即便俄烏戰爭爆發也未見其投入戰場。當時為了與美國發展「未來作戰系統」互別苗頭，也在戰車上展開新一輪「網絡中心戰」（Network-centric warfare）概念的競爭，俄國人也算先馳得點。T-14「阿瑪塔」戰車作為戰術單位的一部分，無人砲塔配備火力強大的 125mm 滑膛砲、強化的電動裝甲、圓形都卜勒雷達、全

+ 圖 5-4 ： T-14「阿瑪塔」戰車是俄羅斯新一代的模組化戰車，雖然性能優異，卻因爲高單價致使迄今仍只能在閱兵式上瞧見。（Photo/ 陳翔宇攝）

方位覆蓋的紫外線攝影機、主動防禦系統、抗飛彈的低特徵、控制坦克所有部件的資訊管理系統…，許多技術與概念已經讓美國感到壓力。

　　現在的美國不僅面對俄羅斯這個宿敵，還得擔心新崛起的中國威脅，因為事實上在某些情況下，中國等對手在彈道飛彈、電子戰、無人機或「遊蕩彈藥」（Loitering munition）…等技術方面的進步已經超越美國陸軍的能力，但不幸的是美國陸軍卻面臨著越來越大的財政壓力。在陸軍削減最終兵力的提議中，可以明顯看出預算吃緊的跡象；就是把注於部隊現

代化的資源大幅削減（其中採購預算削減 7%、研發經費則削減 6%），這已經讓軍事建設的支出在目前是低於歷史水位。美國政府在 2023 財年的陸軍預算支出約 1,780 億美元，如果加上考慮到通貨膨脹的因素（因疫情均 >5%），自 2019 財年以來，陸軍間接上已經損失了約 11%，即 460 億美元的實際裝備購買能力，相較於對手戰鬥力的跳躍式成長，這樣的狀況可不是好現象。於是 2021 年，美軍提出了「2035 瞄準點」（Aimpoint 2035）的組織調整新方案，即明訂美國陸軍到 2035 年時要實現具備軍級「大規模作戰行動」（Large-scale combat operations, LSCO）的目標。

「裝甲旅戰鬥隊」（ABCT）的角色是「透過火力和機動等方式接近敵人，消滅或俘獲敵軍，或透過火力、近戰和反擊擊退敵人的進攻，以控制地面上的領土、人口和資源」。在編制上有 87 輛 M-1「艾布蘭」主力戰車和 152 輛「布萊德雷」步兵戰車，但它們分別於 1980 年服役，可悲的事是它們的替代品，可能要等到這些車輛服役至少 50 年以上才有機會接替。在這之前，只能讓 M1「艾布蘭」主力戰車透過繼續升級的模式服役下去。

在烏俄戰爭爆發 2 年後，除了「坦克無用論」先掀起一片波瀾後又銷聲匿跡，另外一個發展趨勢則是上一個世紀 80 年代「地空整體戰」的另一個要角：武裝直升機。此役，俄

+ 圖 5-5：日本在 2022 年年底的《防衛省發展計劃》中明確表示無人機的發展方向，並將汰除陸上自衛隊（JGSDF）的戰鬥直升機，退役的機種包括：47 架 AH-1S、33 架 OH-1 和 12 架 AH-64D 攻擊直升機，並用無人機取代其功能，此舉是否會引起其他國家軍隊的連鎖效應，深值後續觀察。（Photo/ 黃竣民攝）

羅斯先前派出大量的武裝直升機前往前線作戰，但遭受到極為慘重的損失（估計超過上百架武裝直升機），隨著戰事的拖延，俄羅斯武裝直升機出場的次數大減，更開始逐漸退居到第二線，這讓觀察戰爭的各國軍事人員也開始考慮，是否要減少武裝直升機的數量。這樣的一個思維，已經陸續在日本和德國開始發酵，除了明確制定無人機的重點發展方向外，並陸續汰除武裝直升機的數量。隨著各型無人機在戰場上的大量運用，在成本與作戰效益上的考量，是否印證了「坦克

殺手」這一款武器的發展已經走下坡？未來坦克所要面臨的
挑戰將更多元，除了敵對的坦克外，還有天上飛的各種威脅，
因此除了兵種協同作戰的數位網路能力外，沒有對抗導引飛
彈、無人機…等複合式威脅的戰車，將會是戰場上另類的「鋼
鐵廢棄物」！

　　美國雖然沒有直接派兵參與俄烏戰爭，但軍援烏克蘭卻
是不遺餘力，也一直都是西方世界的指標，光是從開戰以來
的一年半時間，美國就援助烏克蘭 662 億美元（其中軍事援
助超過 430 億美元），這樣的規模與揮霍速度令人震驚，
已經是二戰後美國援助歐洲所實施「馬歇爾計畫」（The
Marshall Plan）的一半！其中軍援 31 輛 M1A1「態勢感知」
（Situational Awareness, SA）版本的主力戰車，也終於在
2023 年秋季抵達烏克蘭，有鑑於基輔延長在烏克蘭裝甲兵在
德國格拉芬沃爾美軍基地的訓練時間（原訂 12 週），因此未
能及時投入當年度的反攻行動，但這樣的戰場環境、部隊訓
練水準和後勤維保的能力…在在都考驗著烏克蘭軍方。畢竟
「豹 II」、M2「布萊德雷」…已經因烏軍的戰術失當而損失
不少，現在這一批美國的 M1 戰車也步上了後塵。

　　當烏克蘭裝甲兵喜歡上「抖音」（Tik Tok）這類的社
群軟體時，很多的災難便會隨之降臨。2024 年 2 月下旬在阿
夫迪夫卡（Avdiivka）地區的戰鬥中，隸屬於烏克蘭第 47 裝

甲旅的M1A1SA型主
力戰車，創下該型戰
車首在烏克蘭戰場上
遭到擊毀的紀錄。首
殺之後，接二連三的
M1A1SA戰車陸續遭
到摧毀的情報遭到證
實，短時間內便將該
型戰車撤出。隨著烏
克蘭的戰事更加雪上
加霜，也讓五角大廈

+ 圖5-6：烏克蘭第47機械化旅操作的M1A1SA
主力戰車雖然在阿夫迪夫卡投入戰鬥，不久
其不敗之身的神話也就破滅了。（Photo/
BMPD）

的憂慮著實升高了，督察長辦公室甚至提出一份報告，文中
警告說：「在沒能確保後勤無虞的情況下，向烏克蘭提供武
器系統會帶來額外的風險。」

+ 圖5-7：美國軍援
的 M1A1SA 主 力
戰車也被拍到加
裝了使用M19的
反應裝甲（ARAT-
1），提高戰車
對 於 RPG 或 反
裝甲飛彈等武器
對車側的傷害。
（Photo/Open
source）

+ 圖 5-8：美國軍援烏克蘭的 M1A1 SA 版本，其顯著特點是裝備了 FBCB2 通訊平台，可用於追蹤附近的敵／友軍單位，總體而言與 2010 年代推出的 M1A2 SEPv2 版本近似。（Photo/DVIDS）

　　即便 M1 車系在當前的戰爭中依然是值得信賴的武器，但不得不說現代戰車所要面對的威脅相較於以往是多更多，從早期抗擊反坦克步槍、反坦克雷、反戰車砲、RPG、反裝甲導引飛彈、攻頂飛彈、武裝攻擊直升機、無人機…到目前最熱門的「遊蕩彈藥」（loitering submunition），在在都顯示出戰車如果沒有辦法在反制作為上勝出的話，再重的裝甲其實都只是一副鐵棺材而已。連美國的「陸軍科學委員會」（The Army Science Board, ASB）在 2023 年

8 月也公布一份評估報告，指出美軍現役的「艾布蘭」戰車在 2040 年的戰場將不具備作戰優勢，因為隨著戰車老化和裝備妥善率的逐年下滑，加上戰場中充斥著敵方更嚴密的情監偵（ISR）資材，戰車在這樣的條件下將無處躲藏（Near transparency），裝甲部隊的風險增加勢必成為一種不可擋的趨勢。

美國陸軍在 2023 年的總結報告中，對於旗下的武器現代化工程仍然繳出一些成績，其中包括：替換 M2「布萊德雷」步兵戰車的選項，已從五家縮小到僅剩美國「萊茵金屬」公司和「通用動力陸地系統」（GDLS）這二家公司，將進行最終的競爭；授予下一代「聯合輕型戰術車輛」（JLTV）的生產協議；批准了延宕的「綜合作戰指揮系統」（Integrated Battle Command System），讓陸軍能夠繼續生產其防空和飛彈防禦的產品；讓「貝爾 - 德仕隆」（Bell Textron）繼續採用 V-280「勇敢」（Valor）式傾轉旋翼機進行測評；「通用電氣」（General Electric）開始交付「改進的渦輪發動機計劃」（Improved Turbine Engine Program, ITEP）的發動機，以打造 2 架「未來攻擊偵察機」（Future Attack Reconnaissance Aircraft, FARA）的原型機；和決定放棄 M1「艾布蘭」戰車繼續在「第 4 版系統強化套件」（SEPv4）上的開發，轉而進行升級成更輕、更具生存性的 M1E3「艾

布蘭」戰車。無論如何，依照美國陸軍的發展趨勢，簡單並直白的形容，就是得將「主力戰車減肥、步兵戰車增胖、戰術輪車強化」，以適應裝甲旅戰鬥隊能快速部署的目標！

　　當新一代設計的戰車已經必須面對減員操作（如從 4 人減為 3 人），甚至是進入無人操作的新階段，美國裝甲部隊的未來該何去何從，相信全世界也在等著看，也許海軍陸戰隊並非只是個開端，這些鋼鐵巨獸如果無法搭載更全方位的主 / 被動防衛系統，那未來想在更複雜的實戰條件下，戰車或許不再是「陸戰之王」！

+ 圖 5-9：M1A2 SEPv4 版本的開發已終止，美國陸軍實在已無法再接受噸位直線上升的主力戰車，因此將它轉爲升級成更輕、更具生存性的 M1E3「艾布蘭」戰車，期許還能將裝甲優勢延續到 2040 年。（Photo/DVIDS）

從1980年以來，美國已生產了約1萬輛各版本的M1「艾布蘭」戰車，生產線也在1996年停止，後續的車輛都是採舊車翻新的方式，配備新的部件，如：發動機組、變速箱、履帶、路輪、電氣元件、主砲管⋯等。然而由於俄烏戰爭造成其他國家的採購需求，「通用動力陸地系統」和「聯合系統製造中心」（Joint Systems Manufacturing Center, JSMC）在2024年5月宣布，將重啟M1「艾布蘭」戰車的生產線，以跟上最新裝甲車的發展技術，目前該工廠不僅生產M1A2 SEP v3「艾布蘭」戰車外，還生產「史崔克A1」（Stryker A1）車輛、M10「布克」輕型戰車⋯等車款，也為M1E3「艾布蘭」戰車的量產做好準備。

◆「艾布蘭X」（AbramsX）主力戰車

說起美國的M1「艾布蘭」主力戰車，雖然從1979年正式服役以來已歷經多次的升級與改良，但似乎也跟其他同時期的主力戰車產品面臨到一個絕對轉型的關鍵期。當M1A2 SEPv3跟M1A2 SEPv4在前十年不斷推陳出新地改良，或許讓人有種眼花撩亂的感覺，但真正的震撼，還是2022年10月由「通用動力地面系統」所推出的全新世代「艾布蘭X」（AbramsX）主力戰車。

　　從外觀來看，「艾布蘭X」戰車的車體尺寸與重量比起現有M1A2更小，重量還不到60噸（減輕十餘噸），有利提升機動力。加上搭載新型的混合動力引擎，油耗比起M1A2將減少50%以上。各國軍方都知道「艾布蘭」戰車的主要缺點之一，就是它有「吃油怪獸」的稱號（它光啟動引擎就要噴掉10加侖的JP-8航空燃油、每行駛1哩就要消耗近2加侖、怠速時更慘，恐會高達10加侖）。對於後勤能量底子不夠厚的國家軍隊通常難以負荷。新型的混合動力電動柴油引擎，除了油耗大幅節約外，另外還有新增的純電行駛功能，雖然只有短距離，但大大地增加突擊的隱蔽性，減少敵人警覺與反應的時間，尤其美軍擅長以高科技進行夜戰的戰場環境下更顯其價值。因為根據蘇聯陸軍的教範，在野外空曠的地區，坦克發動機的聲音大約可以在1,200公尺外被聽到。

　　在靜態警戒或觀測時，還有「靜音觀察」（Silent watch）的能力，允許感測器和電子設備在沒有發動主引擎時運作，這樣就不會產生引擎聲音或熱訊號，減少遭敵偵測的機率。而這樣的混合動力引擎，也可提高車內系統的電力供應量，預留了未來增加雷射武器或其他電子設備的需求所需。

　　「艾布蘭X」乘員的席位設計，已經一改美系坦克的設計，反而是類似俄羅斯T-14「阿瑪塔」坦克一樣，將3名車

+ 圖 5-10 ：2022 年現身的「艾布蘭 X」，才有令人驚豔的改裝效果，戰鬥力也成爲美國陸軍主力戰車的新指標。（Photo/ GDLS）

+ 圖 5-11 ：「艾布蘭 X」乘員的席位設計一反往常，改採 3 人併坐的配置模式，反而類似 T-14「阿瑪塔」的布局。（Photo/ 許裕明提供）

組人員通通移至車體前段併排坐（面對車輛從左到右分別是射手、車長及駕駛）；也由於安裝了自動裝彈機所以成員數減為 3 人，而且他們的席位並不是依循傳統的設在砲塔裡。車組乘員使用以色列「埃爾比特系統」（Elbit Systems）公司生產的「鐵視」（Iron Vision）系統，首度將「頭戴顯示器」（head-mounted display, HMD）技術應用於封閉式的裝甲車內，讓車組人員透過 360 度擴增的實境強化戰場感知能力，達到 3L 的效果：觀察（Look）、鎖定（Lock）和發射（Launch），而且車組人員完全不需要打開艙蓋（以免遭敵狙擊）即可完成，以今日的技術而言算是相當科幻。

車內這款名為「催化劑」（Katalyst）的「下一代電子架構」（NGEA），能夠使用軟體升級來提高感測解析度、瞄準精度以及機載指揮管制系統。「人工智慧」（AI）裝備功能強大，在提高作戰人員的效率上非常顯著，能夠主動評估威脅目標的優先順序，但最後還需射手或車長決定是否交戰。數位化鏈結的指揮管制能力，也是坦克在軟體上的另一項重大升級。它提供運算、整合處理、分配等功能，以支援通用介面達到與友軍飛機、車輛、士兵等的情資共享，讓網狀化、數位化作戰實現。

在綜合火力方面雖然保留了 120mm 口徑的主砲，並未隨著德、法國在主砲口徑上增加至 130mm、甚至 140mm，

而是採用新開發具備「電熱化學」（Electrothermal-chemical, ETC）概念的 XM360 主砲，取代現行 44 倍徑的 M256 主砲。[1] 該型主砲採用複合材料的砲管、與砲口制退器相結合的模組化緩衝機等技術，達成輕量化的目標，可以減輕約一半的重量。XM360 主砲的長度為 6.9 公尺，明顯較 M256 長約 1 公尺，更長的砲管可使用更大的推進劑裝藥，以增加砲口的初速達到 1,700 公尺／秒（比 M256 增加約 200 公尺／秒）。更高的初速和更低伸的彈道，除了讓最大的有效射程從原本 2.5 公里提高為 3.6 公里外，也將更容易擊中目標。在彈藥通用性上也不差，現有 M256 砲所使用的彈種都適用，另外還能射擊人員殺傷彈、空爆彈等新型彈藥。新的自動裝彈系統的裝填速度更快、更可靠，全車可備彈 34 發更是大幅超越「萊茵金屬」（Rheinmetall）新推出的 KF-51「黑豹」（Panther）戰車。射手的觀測儀則獨立於砲塔，讓他和車長都各自能獨立掃描戰場搜索目標，而不再需要旋轉砲塔即可完成。

　　這種無人砲塔的設計概念，主要考量目前越來越多來自無人機扔下炸彈所造成傷害的案例。而無人砲塔也具備發射無人機或遊蕩彈藥、甚至與無人機通信的能力，讓無人機在

1　將電能轉變為熱能使推進劑燃燒，產生高溫高壓氣體以推動彈丸的高速發射，並減少後座力。

+ 圖 5-12：更長的 XM360 主砲，可以見到特殊的胡椒罐砲口制退器，以減少射擊時的強大後座力，從而更容易準確射擊並減少砲管的磨損率。（Photo/ 許裕明提供）

+ 圖 5-13：無人砲塔上的 30mm 機砲遙控武器站，後方是「彈簧刀 300」遊蕩彈藥發射器。（Photo/ 許裕明提供）

前偵察而減少遇襲的危險。這讓「艾布蘭 X」也跟上時代的潮流，不讓德系的 KF-51「黑豹」或 KF-41「山貓」（Lynx）之輩專美於前。它搭載四枚「彈簧刀 300」（Switchblade 300）的遊蕩彈藥發射器，也能換裝偵察無人機，充當前方偵察的攝影機，將偵察情況反饋發送回車組人員以延伸視野。砲塔上還有一座 30mm 機砲的遠程遙控武器站，取代先前 .50 口徑重機槍，以應付空中威脅。

即便「艾布蘭 X」是 SEP v4 與新一代坦克的過渡型號，展示當前美國坦克的科技研製成果，但這樣的技術水準已經是目前世界頂尖，甚至比法、德共同研製的 EMBT 或德國「萊茵金屬」自行研製的 KF-51「黑豹」坦克可能都還要先進！

◆ M1E3「艾布蘭」主力戰車

當 2022 年俄烏的衝突彷彿進入延長加時賽的拖戲時，西方各國的軍援得不斷投入烏克蘭才能止住北極熊的企圖，而坦克就成為烏克蘭軍隊能否頂住俄軍攻勢的關鍵。但考量冷戰結束後軍事預算的縮水，現在美國面臨的全球威脅可說是有增無減，但美國已經沒有時間可以再像數十年前一樣，花上十年的時間去開發一款全新的主力戰車。如何能夠讓陸軍較經濟、且更快速地取得新世代的戰車，已經是當務之急！

　　原本陸軍於 2017 年 8 月就跟「通用動力地面系統」簽
訂了一份開發 M1A2 SEPv4「第 4 版系統增強套件」的合約，
計劃在 2023 財年做出生產決定，然後在 2025 財年列裝到第
一個裝甲旅去。但是美國陸軍於 2023 年 9 月在密西根州的
底特律兵工廠，宣布「艾布蘭」主力戰車現代化的未來方向，
不再投入於 M1A2 SEPv4「第 4 版系統增強套件」的升級
工作，轉為全力開發 M1E3 的型號。[2] 平心而論，M1「艾布
蘭」主力戰車並不是美國陸軍裝甲部隊唯一面臨潛在挑戰的
車款，包括重約 40 噸的新型「裝甲多用途車輛」（AMPV）
正在取代重量約 12 噸的 M113 裝甲運兵車，讓「裝甲旅戰鬥
隊」變得更加鈍重；加上未來「XM30」案的車款一旦塵埃
落定，可預見的重量也會達到 40 至 50 噸，這與傳統重量約
27 噸的 M2「布萊德雷」步兵戰車相比，幾乎又是一個量級
的跨越。因此，目前在「決定性殺傷平台」（DLP）項目上，
除了「艾布蘭 X」外尚無其他廠商推出概念車型可以做比較，
因此美國陸軍既然在 2023 年決定要生產全新的車型，肯定會
花更長久的時間，綜合判斷下來，「通用動力地面系統」以
「艾布蘭 X」和更新版的 M1A2 SEPv4 加以技術融合，應該

2　使用「E」名稱代表著重大的工程變更，並將作為原型車的名稱，直到車輛完成測評
　　獲得『A』的正式分類。

會是比較快速能交貨的選項。

　　在 M1E3「艾布蘭」主力戰車可預見的改良上，主要是動力系統上的「改朝換代」！雖然 AGT-1500 型燃汽渦輪引擎的性能優異，從 1980 年代就已經一路伴隨「艾布蘭」走過 40 多個年頭，引擎老化造成成本超過戰車本身總操作和後勤成本的 60%，因此在尋找接替的新引擎時，陸軍一併希望能改善「艾布蘭」戰車長久以來被詬病的油耗問題。依據 1999 年「戰場每日計算」（BFD）的油耗做對照，即可看出這兩款燃汽渦輪引擎的性能差距，在整體燃油上節省了 24.65%，若是在高怠速的條件下則更明顯，更可以節約到 56%。雖然「戰場每日計算」的估算與「國家訓練中心」（National Training Center, NTC）的數據相比，似乎被誇大了每天使用的里程和時間，但也可以明顯地看出兩種引擎在使用成本上的差距。

引擎型號	AGT 1500	LV 100-5
戰場每日計算（加侖）	578.5	435.9
高怠速時條件下（加侖）	14.3	6.3

（資料來源：The NPS Institutional Archive）

　　其實早在 1980 年代美國就在研製新的引擎，也在 1990

年推出型號為 LV 100 的樣機，1996-1998 年該引擎在 M1 戰車上配備電傳動裝置進行了相關的試驗。後來改良的 LV 100-2 型發動機原本預計於 1999 財年時開始進行替換，但因冷戰結束後預算因素被取消。而新的 LV 100-5 型引擎的量產版採用雙軸、環形燃燒室帶回熱裝置、全權數位引擎控制單元…等技術，並能與 AGT 1500 型引擎共享 41% 的零件、而零件數減少了 43%、重量為 1,045 公斤、長度僅為 130 公分，可節省大量空間和重量。引擎的最大輸出功率為 1,119-1,920kw（1,500 匹馬力）、轉速 3,000 轉 / 分，也與 AGT 1500 引擎一樣可以使用噴射燃料、柴油和汽油，但實用性卻大幅增加，並且可以在研發中的 XM2001「十字軍」（Crusader）自走砲和「艾布蘭」主力戰車之間做迅速的互換。[3] 由於該引擎能讓保養費用降低 30%、平均無故障運轉時間增加 40%，將維持和後勤支援成本降低 3 倍，並將「平均故障間隔時間」（Mean Time Between Failure, MTBF）延長 4 倍，最終目標是達到 3,000 小時才需要進行大修的間隔。在通用性與成本等等的諸多考量上，LV 100-5 燃汽渦輪引擎將是美國下一款主力戰車好的選擇。

現行的 120mm 主砲除了在性能上做提升外，彈藥威力

3　「十字軍」自走砲被認為是「先進野戰砲兵系統」（Advanced Field Artillery System, AFAS），旨在取代 M109A6「帕拉丁」（Paladin）自走砲，然而在 2002 年時該研製計畫被取消。

的精進也一直是美軍的強項，但這些都是應付傳統裝甲目標的措施，對應俄烏戰爭以來威脅日益嚴重的各型無人機與攻頂（Top attack）式的反坦克飛彈，就得有新的裝備才能達到防護的要求。因此，不論是現役戰車已經採用的以色列「戰利品」主動防護系統，是否持續成為標準配備；或是將採用美國自身研製的產品，都代表著 M1E3 在設計階段就會將主動防護系統納入考量。對於反制無人機威脅方面，砲塔上預計將採用「康斯伯格」（Kongsberg）公司出產的「守護者」RS6 型遠程遙控武器站，它配備的是 M230 型「蟒蛇」（Bushmaster）30mm 低後座力機關砲；與「阿帕契」攻擊直升機上的是同一款。這種遙控武器站的輕型版本已被命名為 XM914，目前已在美國軍隊中的「史崔克」裝甲車和「聯合輕型戰術輪車」（JLTV）…等車系上大量服役，作為各種車載短程防空系統的組成部分，主要用於防禦小型無人機的威脅。該型機砲採用 30x113mm 的「多模式近距離空爆彈藥」（Multi-Mode Proximity Airburst, MMPA），針對目標型態 XM1211 彈藥運用可編成引信的模式（近炸、延遲、空爆），一舉能擊敗三種不同的威脅；尤其是 I 和 II 級的無人機。[4]

　　除了動力套件與武裝的革新外，在懸吊系統、自動裝填

4　依據《U.S. Army Road Map for UAS 2010-2035》的劃分標準，為空重 <25 公斤、升限 1,067 公尺以下、空速 <463 公里／時的無人機。

+ 圖 5-14：「守護者」RS6 型遠程遙控武器站，除了搭配 30mm 機砲與 7.62mm 機槍外，還可側接包括「標槍」（Javelin）或「刺針」（Stinger）飛彈。（Photo/Kongsberg）

+ 圖 5-15 ： M230 型「蟒蛇」30mm 低後座力機砲使用 XM1211 型可編成彈藥，能擊敗多種不同模式的威脅。 （Photo/Northrop Grumman）

系統、數位化指揮管制系統⋯上也將會有另一個階段的躍升，甚至連組織上也一併會進行調整，車組人員由 4 人減為 3 人已是不可擋的趨勢。美國陸軍正在投資 30 至 40 億美金，以放眼 2040 年戰場上的現代化裝甲技術上。以目前「下一代戰鬥車輛」的計劃中，取代 M-2「布萊德雷」的 XM30 機械化步兵戰車（Mechanized Infantry Combat Vehicle, MICV）的壽期成本估計會到 620 億美元，僅就 2024 財年的研發成本就超過 5.8 億美元，該計劃在 2021 至 2027 財年期間研發經費估計達 35 億美元。而「無人地面車輛」（Unmanned Ground Vehicle, UGV）由於透過人工智慧（AI）操作，反而需要複雜的控制和通訊系統，成本反而比載人戰車會高得

多。有前車之鑑，為避免將技術指標設定過高而導致後續開發過程產生窒礙，造成經費超支反被國會取消的後果，不如採用目前「通用動力地面系統」剛推出的「艾布蘭X」戰車做修改，除了可節約數年的研發時間之外，省下的研發資金勢必也相當可觀；所以「艾布蘭X」戰車一定不會是「決定性殺傷平台」計畫下的最終產品，幾年之後才會正式跟全世界嶄露！

◆ M10「布克」（Booker）輕型戰車

美國陸軍於2017年11月提出了「機動防護火力」（Mobile Protected Firepower, MPF）的競標項目，以替換已經二十年的「臨時裝甲車」（Interim Armored Vehicle, IAV）；也就是大家熟知的「史崔克」LAV III型八輪裝甲車系。經過一番激烈的測評之後，美國陸軍已於2023年6月正式宣布將「機動防護火力」命名為M10「布克」（Booker）戰車；以紀念史蒂文‧A‧布克（Stevon A. Booker）和羅伯特‧D‧布克（Robert D. Booker）這兩位英勇陣亡的士官兵。

在這一場競爭中，「通用動力地面系統」（General Dynamics Land Systems, GDLS）和「英國航太系統」（BAE Systems）兩家公司進行廝殺。而兩家推出的產品，彷彿又讓

人聯想起 1980 年代的 M8「裝甲火砲系統」。回想起 M8「布福德」這一款輕型戰車從四十年前就開始著手，這也是美軍繼 M551「謝里登」輕型戰車之後，睽違半世紀全新設計的輕型戰車，畢竟它在越南戰場的表現不佳，而在改進措施中可以說又是無可救藥地混雜在一起，經過一連串的失敗之後，陸軍才選定了它。可是因為裁軍造成軍費緊縮，陸軍後來取消了 M8「裝甲火砲系統」，為了彌補這一段戰力的間隙，陸軍於是給 M1A2「艾布蘭」和 M2A3「布萊德雷」增加升級所需的資金，並加速「標槍」（Javelin）反裝甲飛彈的開發。

歷經最早由「食品機械公司」研製的「輕型近戰車輛」（CCVL）、XM8、「聯合防務工業」的 M8「裝甲火砲系統」、到「英國航空航太」（BAE）接手之後的 XM1302；即是以 M8「裝甲火砲系統」為基礎的產品，吸睛度已經不再那麼高。但 XM1302 為了參與競標，還是在「裝甲火砲系統」上進行了砲塔的改進，車體採用高能電弧焊工藝製造的大厚度 A5083 與 A5089 鋁合金板，使車輛具備更優良的防雷性能，達到與新型「裝甲多用途車輛」（AMPV）同級別。改以帶有螺栓固定的附加裝甲，更換複合橡膠履帶（CRT）和射控系統，安裝美軍第二代改進型前視紅外線系統，發動機以 MTU 公司的 6V199 TE21 六缸發動機，取代先前已年久失修且無備料的「底特律」6V-92TA 柴油機，也被稱作「遠

+ 圖 5-16：「英國航太系統」推出的 XM1302「機動防護火力」先導車，還是未能在競標案中勝出。（Photo/ 黃竣民攝）

征輕型坦克」。

　　這一款車更換了三家開發商都未能死透，但由於 M8 底盤本身已是 30 多年前的設計，儘管戰略情勢不斷地給它有起死回生的契機，可是也幾乎沒有任何可升級的空間，因此也沒能如願取得預期的結果，堪稱是最命運多舛的一款輕型戰車！

　　而擊敗「英國航太系統」的「通用動力地面系統」端出的產品，則是以英國「阿賈克斯」（Ajax）步兵戰車為基礎，開發出名為「獅鷲」（Griffen）輕型戰車的構型參與競標。它編制為四名車組人員組成（車長、射手、裝填手和駕

駛手），由於艙式空間設計經過優化，可以提高作戰持續力，而從伊拉克和阿富汗的翻車教訓中吸取的教訓，讓它在車側多開個艙口以利逃生。它的車重約 38 噸，採前置引擎的設計，採用 MTU 公司的 MT881 型渦輪柴油發動機，最大輸出功率為 1,100 匹馬力，搭配「艾里森」3040 MX 型自動變速箱，具有 4 個前進檔和 2 個倒退檔，最高時速 70+ 公里 / 時（視地形和裝甲等級），行駛距離達 560 公里。雖然履帶還是傳統的鋼製履帶，但採用更輕的負重輪設計能提高耐用性，降低滾動噪音和振動，懸吊系統放棄傳統的扭力桿，改採外部液壓氣動懸吊的裝置，能提供更好的行駛和保護。車輛配備了額外的鋼板和車下防護裝置，以防簡易爆炸裝置（IED）的危害。

M10「布克」戰車的主要武裝是一門 M35 型 105mm 低後座力砲，是英國「皇家兵工廠」著名的 L7 線膛砲輕量化版本（與 M60 主力戰車那一門相比輕了約 800 公斤），雖然在測評中發現會在車內產出致命的濃煙，迫使工程師得加裝一具淨化系統才解決這個缺陷。火砲採用傳統的手動裝填方式，可以發射自旋穩定動能的脫殼穿甲彈（APDS），最大射程為 1.8 公里；射擊高爆彈（HE）時的最大射程為 4 公里。砲塔採用與 M1A2 SEPv3 相同的射控系統和獨立熱顯像觀測器，為了機組人員的安全，它還採用了經過測試的分區彈藥

儲存系統。

　　美國陸軍花了 20 多年才重新為其「步兵旅戰鬥隊」（IBCT）提供新型坦克的能力，雖然陸軍官員不願意承認那是輕型坦克，它們無法空投而只能透過 C-17 等戰略運輸機進行空運，但這款坦克的確更具有殺傷力，後勤上也更容易維保，速度也能跟上新型的裝甲運輸車。回想當時為了改良 M551「謝里登」或取代它，軍方曾有一段時間簡直是在胡搞瞎搞。但現在的先進技術，包括新偵測器和防護系統，鋰電池和電源管理系統的整合，快速斷開的電氣和液壓介面，具

+ 圖 5-17：M10「布克」戰車的任務旨在摧毀敵工事、火砲系統以支援「步兵旅戰鬥隊」作戰。（Photo/US Army）

有自我診斷功能的野戰更換模組，還保有空間預留未來的偵測裝備或武器；尤其是「主動防護系統」（Active Protection System, APS），該車已擁有電子架構、電力和物理能力，來安裝陸軍最終選擇的任何產品。

最新的 M1A2「艾布蘭」主力戰車每輛的成本約為 2,400 萬美元，但 M10「布克」戰車估計每輛約為 1,200 萬美元，其中包括備件以及新武器的部署和訓練成本，如果按照採購計畫的數量（504 輛），相信成本還有可能再壓低。

美軍快速部署的能力在歐洲等地區特別重要，因為從戰

+ 圖 5-18：美國陸軍的第 82 空降師已於 2024 年 4 月開始接裝首批 M10「布克」輕型戰車，明年預計會有首支操作該型車的連級部隊露出。（Photo/US Army）

術上的考慮，中型「旅級戰鬥隊」很可能面對配備精準武器的無人機、採用遠程瞄準技術和火砲推進的裝甲車縱隊，移動中的步兵需要擁有足以戰勝先進敵人的火力和偵測器，而美國陸軍認為新型的「機動防護火力」，將改變陸地戰爭，超越俄羅斯同類產品，如俄羅斯的2S25「章魚」（Sprut-SD）空降輕型戰車，並為步兵在機動攻擊時帶來新的依託。

◆ XM30 機械化步兵戰車

在雄心勃勃的「下一代戰鬥車輛」計畫中，採取的是連鎖性措施，因為它不僅僅只規劃單一任務型式的車款，而是更廣泛性地為未來的部隊編裝提供選項，這些包括：「裝甲多用途車輛」（Armored Multi-Purpose Vehicle, AMPV），包括五種任務型號（醫療後送車、救護車、機動指揮車、迫擊砲車和通用運輸車）取代老舊的 M113 裝甲車、「機動防護火力」（MPF）、「機械化步兵戰車」（Mechanized Infantry Combat Vehicle, MICV）或先前稱之為「可選載人戰鬥車輛」（Optionally Manned Fighting Vehicle, OMFV）、「機器人戰車」（Robotic Combat Vehicle, RCV），包含輕型、中型和重型，和「決定性殺傷平台」（Decisive Lethality Platform, DLP），作為 M1「艾布蘭」主力戰車的替代品。

但對於 21 世紀以來美國陸軍屢屢翻車的重點研製案，或許如何對於陸軍的建案重拾信心才是關鍵，畢竟成果顯示美國陸軍缺乏計劃、管理和執行的能力，因此接連造成國防科研經費的巨大損失。

過去美軍為了更換 M-2「布萊德雷」步兵戰車已經灰頭土臉過兩次了；第一次是作為「未來作戰系統」的一部分，該計劃於 2009 年被取消，而第二次又被列入「地面作戰車輛」計畫的一部分，卻又在 2014 年被喊卡。美國陸軍幾十年有許多項研製案落到這樣的下場，其實也不會令人感到意外，因為除了複雜的行業主導管理方法、關鍵技術無法如期發揮作

+ 圖 5-19：裝甲戰鬥車輛走向無人化已經不只是趨勢，儘管初期的人工智慧、感測裝置與電子設備仍需要整合與測試，但前景指日可待。圖為參與競標的「利普鋸 M5」（Ripsaw M5）中型機器人戰車。（Photo/Textron System）

用外，陸軍領導階層不斷冒出的新點子（俗稱的「梅花鹿」），導致專案成本堆疊已成常態，很難讓專案獲得善終。據「問責署」提出的《強大陸軍：裝備、訓練和準備：2010 年陸軍採購審查最終報告》（Army Strong: Equipped, Trained and Ready: Final Report of the 2010 Army Acquisition Review）[5] 中就指出，陸軍啟動的研製計劃多半超出其承受能力、定義作戰需求的時間太長、官僚機構中各部門鮮少合作、也未能利用商業技術等，嚴重削弱決策者對陸軍能夠成功實現其主要作戰系統要現代化的信心。自 1996 年以來，美國陸軍每年花費超過 10 億美元在沒有成果的研製案上，而光是「未來作戰系統」自 2004 年以來，這個金額已增加到 33 至 38 億美元；每年陸軍在研究、開發、測試和評估（RDT&E）預算的 35% 至 42% 都用於後來被取消的項目上。光是開發 M2「布萊德雷」步兵戰車的接替車款乙案，在被取消時就已經燒掉十幾億美金；另一個 RAH-66「科曼奇」（Comanche）先進直升機計劃在終止時也已花掉 69 億美元！

　　2021 年 4 月，美國陸軍重啟「可選載人戰鬥車輛」的

5　該報告是前陸軍採購主管吉爾伯特‧德克爾（Gilbert Decker）和退休的盧‧瓦格納（Lou Wagner）將軍領導的團隊，進行為期 120 天的審查的結果。

+ 圖5-20：2023年6月美國陸軍宣布德國「萊茵金屬」的KF-41，將與「通用動力地面系統」
競爭450億美金的「可選載人戰鬥車輛」計畫。（Photo/ 黃竣民攝）

競標案，但調整了先前失敗的採購策略，改以「初始設計、
概念設計、原型設計、測試與量產」等5階段研發與採購的
計畫，先要求投標商提交「數位化原型車設計初稿」，使先
前退出競標的公司可以重新投入此案。在5家廠商的產品先
進行虛擬測試後，於2023年4月對其中3家廠商進一步概
念的設計，在2023年6月選擇了美國「通用動力陸地系統」
公司修改自「阿斯柯德2」（ASCOD 2）而成的「獅鷲III」
（Griffin III）型步兵戰車，來與美國「雷神」與德國「萊茵
金屬」公司合作的KF-41「山貓」（Lynx）步兵戰車將進入
最後的評選。兩家預於2025年開始打造7至11輛原型車進

行一系列的試驗，美國陸軍將於 2027 年公布競爭結果，未來的勝出者型號也已經先定名為「XM30」。後續將進行 1 年以上的測試作業，同時也會啟動初期低量生產，預計在 2028年年底前可將第 1 支「可選載人戰鬥車輛」的營具備「初始作戰能力」（Initial Operational Capability, IOC）。

美軍未來的步兵戰車將具有三個基本要素：至少配備一門中口徑火砲、足夠防護小型武器射擊的能力和優異的越野機動性。該車將可容納 8 名士兵（2 名乘員 +6 名步兵），並配備一座中口徑火砲的砲塔，目前屬意正在研發的 XM913型 50mm「先進殺傷力和精確度的中口徑系統」（Advanced Lethality and Accuracy System for Medium Caliber, ALAS-MC）為主要武裝，它是由「皮卡汀尼兵工廠」（Picatinny Arsenal）的「作戰能力發展指揮武器中心」（Combat Capabilities Development Command Armaments Center）所開發，透過整合中口徑的機砲、彈藥、射控和感測器，讓射手的整體操作速度將快上 3 倍，以更高效地攻擊遠距離目標。該砲可說是 M242「巨蝮」（Bushmaster）式鏈砲的放大版，雖然口徑大了一倍，但 60 倍徑的砲管卻沒有比前版的25mm 長多少，砲口初速估計約 900 公尺 / 秒，能夠射擊可編成引信的 XM1204 型追蹤高爆空爆彈藥（HEAB-T），和XM1203 追蹤翼穩脫殼穿甲彈（APFSDS-T），打擊 4 公里

外的目標。

除了主砲威力翻倍提升外，反坦克導引飛彈和機槍也都會跟先前的 M2「布萊德雷」步兵戰車一樣搭載，至於反坦克導引飛彈的型號應該不會是 BGM-71「拖」（TOW）式飛彈了！另外的特點是兩家競標車款在主動防護系統上可自選，雖然現行的 M2 搭載「鐵拳」（Iron Fist）主動防護系統做為過渡，但後續是否延用的可能性應該不高。

+ 圖 5-21 ： XM913 型 50mm「先進殺傷力和精確度的中口徑系統」，是否將引領其他國家在步兵戰車火力上的跟進，值得期待。 （Photo/Wiki）

著名測試車款

◆ T-28/T95 超重型戰車

　　二戰的中後期，德國的重型戰車越來越頻繁地出現在各條戰線，美軍自認為手上根本沒有足以抗衡的產品，因此在1943 年時，軍械部門終於首肯發展突擊戰車的需求，預計需要 25 輛以便應付後續的戰事。1944 年 3 月，軍械部和陸軍地面部隊召開會議同意先打造 5 輛，並由「太平洋汽車鑄造」公司（Pacific Car and Foundry Company）負責設計，最初命名為「T28 重型戰車」（Heavy Tank T28），但該設計並沒有砲塔，所以不適合用一般的裝甲車輛類別來劃分，導致它在 1945 年 3 月重新被分類而成為「T95 型 105mm火砲機動車」（105 mm Gun Motor Carriage T95），並於1946 年有再度更名為「T28 超重型戰車」（Super Heavy Tank T28）。但許多人還是習慣稱它為「末日烏龜」（Doom

+ 圖 1：攝於 1946 年在「亞伯丁測試場」上的「末日烏龜」，它的「傳奇」就在於啥事也沒做，無故消失三十年後又出現，目前成為全球唯一一輛的館藏。(Photo/US Army)

Turtle）、「縮放烏龜」（Zoom Turtle）之類的暱稱！[1]

　　該型戰車就像是一款仿照德國「驅逐戰車」（Jagdpanzer）或蘇俄 SU（Samokhodnaya Ustanovka, SU）系列突擊砲的風格，最初準備用於攻擊德國西部邊境的「齊格菲防線」，因為當時認為 T5E1 型 105mm 砲對混凝土具有非常好的爆破性能，能夠削弱堅固的防禦工事，但是等該車到 1945 年 3月完成設計定型，並在 1945 年 8 月才完成首輛車體的焊接

1　就像德國的「虎王」有「保時捷」（Porsche）和「亨舍爾」（Henschel）砲塔的誤解一樣，T28 本身在 T28 和 T95 之間的來回變化，但這些並不重要，因為它從未在戰場上出現過，至於叫啥；誰在乎呢？

工程時，德國早已經投降了；而日本當時也已經奄奄一息。當第一輛車真正能完成作戰部署時，第二次世界大戰也已經結束了，因此也無緣在登陸日本後使用，直接導致陸軍部決定停止開發這種超重型的怪獸，原本的 5 輛直接被砍成 2 輛原型車而已，T28 計劃於 1947 年 10 月終止。削減該計劃可能是一個好主意，因為陸軍根本不知道如何去處理這輛鋼鐵巨獸。

這一輛車重約九十噸的超重型戰車，比起二戰中期研製的 M6 重型戰車都快要重一倍，它的正面裝甲有 305mm 厚，當時的 M4「雪曼」只有 50mm、即便德軍的「虎王」（Tiger II）也只有 152mm 厚，它就是想用這樣的裝甲厚度來抵禦德軍重型戰車的主砲或 88mm 砲。從外型看起來 11 公尺的車長不僅巨大，車寬更是沒話說。因為為了降低接地壓力，它採用了獨特的四條履帶（每個履帶寬 49.5 公分）以分散車重，將地面壓力降低至 11.7 磅 / 平方吋，但在進行鐵路運輸時，外履帶可以拆卸（約 2-4 小時）以進行鐵路運輸。為了完成這項拆卸的艱鉅任務，戰車在後方安裝了兩個液壓輔助絞車以利作業。如此的車重在動力上使用 500 匹馬力的「福特」GAF V-8 汽油引擎，搭配「艾利森」變速箱，動力傳動係由扭力傳動裝置組成，具有 3 個前進檔和 1 個倒退檔，推重比僅 5.37 匹馬力 / 噸，最高時速只有 13 公里 / 時左右，而

+ 圖 2：履帶拆卸後，可合而爲一並由車輛後部進行拖曳至新陣地後再行組合，非常獨特。（Photo/US Army）

　　四個油箱一共可容納 1,515 公升的汽油，也只夠行駛 160 公里。明顯地和其他的超重型戰車一樣都顯示出動力不足的問題，極大地限制了其越障能力外，也無法越過當時任何可用的便攜式橋樑，因此被認為在戰場上的實用性很低，根本不適合生產。

　　它的主要武裝是一門 T5E1 型 105 mm 砲，安裝在垂直車體前部的球形砲盾中，就像是獨角仙的造型，沒有砲塔而大幅降低了車身輪廓的高度。火砲的水平射界範圍為向右 10°和向左 11°、俯仰角度為 -5°至 19.5°、主砲為 65 倍徑、是當時唯一能夠對抗蘇聯 JS-3 的西方戰車。該車能攜帶 62 發砲彈，主砲沒有穩定系統，需要人力手動裝填分裝式彈藥，導致射速僅每分鐘 4 發。該砲使用 T30 型高爆彈和 T32 型穿甲彈，砲口初速分別為 914 公尺、1,130 公尺 / 秒、彈重約 18 公斤，可在 460 公尺的範圍內擊穿 180mm 裝甲或 1.5 公

尺的混凝土。觀測及瞄準設備包括兩台 M6 型潛望鏡、一台 M10E3 型潛望鏡和一台 M8A1 型 T 型 3X 望遠鏡。車輛在野外行駛時，火砲得鎖定在最大仰角，以免在顛簸地形行駛時，那 65 倍徑的長砲管不小心「吃土」，造成砲座損壞。

這 2 輛原型車分別在「亞伯丁測試場」和「諾克斯堡」設施進行了評估，但設計陳舊、維護成本高、重量又重是不爭的事實，而且還一事無成！當 1947 年 T28 項目遭到取消後，根據報道這兩輛車不久後就被報廢了，一直到快三十年後的 1975 年才又有人發布它的消息，它在「貝爾沃堡」（Fort Belvoir）的機密夜視靶場現蹤，隨後就被檢整送至博物館保存，目前世上也就僅此一輛了，算是彌足珍貴。

+ 圖 3：既是重型戰車又是驅逐戰車的 T28/T95 型戰車，沒有機會對上德國的「鼠」式，更與征服日本無緣，反而跟其他超重型戰車的命運一樣，只能成為「時代的眼淚」。（Photo/ 黃竣民攝）

+ 圖 4：為分散其龐大的車重，而採用獨特的可拆卸式的雙履帶設計，在運輸時可以卸下另外裝載運輸，圖片為履帶結合部的特寫。（Photo/ 黃竣民攝）

◆ T37/T41 輕型戰車

雖然美國在二戰末期投入的 M24 輕型戰車，儘管獲得不錯的評價，但戰後美國仍然需要有新的輕型戰車在火力上取得更好的表現，以能夠在偵察、搜索的任務上具有自保的能力，因此在 1946 年時，美國陸軍便開展新式輕型戰車的研製計畫，也就是 T37 的研製計畫。寄望這款新戰車可透過空中運輸的方式快速抵達前線，並裝備長砲管的 76mm 主砲及先進測距裝置，以期擁有反戰車之作戰能力。

但是與當時大部分的軍備研製案一樣，由於需求度不那麼迫切，導致許多項目都缺乏資金，又期望它能成為新戰車的指標，因此研發進度有一搭沒一搭，一直拖到 1949 年才有了比較像樣的概念車被製造出來；但也只有一輛。然而詭異的是，美國當時還選中 T37 輕型戰車的概念，企圖將其放大後成為輕型、中型和重型戰車的基礎，這種先前「潘興」戰車失敗的套路竟又被拿出來重製。

T37 輕型戰車的外型特徵，就是在砲塔上的立體測距儀，看起來就像一對耳朵，它安裝在不同的砲塔，以提高遠距離的首發命中率。T37 輕型戰車的「第一階段」使用了實驗性的 T94 型 76mm 火砲；而 T37「第二階段」的版本中，則採用射速更高的 T91 型 76mm 火砲。然而，這個射控系統還需

要更多時間的測試，而且無法單獨使用。1949 年時，T37 計畫在降低對測距裝置的要求之後，被重新定名為 T41 計畫；但兩者內部的車組人員席位差異頗大。其中所謂 T41 輕型戰車的原型車，也是所謂的 T37「第二階段」版本，當年陸續有三款搭配不同砲塔的原型車被製造出來，主要是為了測試「維克斯」的射控系統。

當韓戰爆發後，暴露出美國在研製新戰車上進度的落後，這迫使不成熟的裝備再度得走上先下訂，邊使用、邊修正的

➕ 圖 5：最初稱爲 T-37「第二階段」的輕型戰車，後來重新命名爲 T41，也就是量產版 M41「華克猛犬」輕型戰車的前身。（Photo/ 黃竣民攝）

緊迫手段。儘管該型戰車仍存在大量的問題，但離譜的是早在 1948 年就已經選定了生產 T41 輕型戰車的製造商，軍方並於 1950 年便下訂了 100 輛的合約，投產一年後光是軍方要求改正的的項目就高達 4 千項，其中包括立體測距儀還是無法發揮預期作用⋯，但韓戰打得火熱，軍火還是得先有才好說話。這也是為何連當時的杜魯門總統都在視察的行程中，把這一項武器列入宣傳之一的公關照。

雖然 T41 輕型戰車的研改直接導致 M41「華克猛犬」輕型戰車的定型，軍工廠被迫也只好全力生產的 M41 輕型戰車了，其中一部分在韓戰停戰之前被運到亞洲，可惜它還是遲了一步，並無實際在韓國戰場上有機會驗證自己價值的機會。

＋ 圖 6： 1951 年 2 月當時的美國總統杜魯門還到「亞伯丁測試場」，難得與 T41 型戰車的原型車合影。（Photo/NARA）

◆ T69 式中型戰車

當法國人造出 AMX-13 輕型戰車，並在「亞伯丁測試場」測試這一款裝置著當時新功能的「搖擺式砲塔」（Oscillating turret），美國人也看到了這樣的新設計，並在 1950 年代中旬也試著打造出一款具備這樣功能的戰車，這也是美國首款搭載搖擺砲塔的戰車，具有指標性的象徵意義；雖然這樣的設計後來並不為美軍所接受。

二戰末期美國發現 M4「雪曼」戰車已經落伍，雖然開發出了新的 M26「潘興」和 M46「巴頓」戰車進行接替，但仍然感覺是換湯沒換藥，新技術與科技運用的成分並不高。韓戰讓戰車的研製腳步延宕暴露無疑，原本為了取代 M46「巴頓」而設計的 T42 中型戰車便是其中之一。由於測試的性能未能滿足軍方的需求和期望，所以也就拿不到訂單，這些原型車就被移至作為其他測試的車體，讓美國有機會在這車體上安裝搖擺砲塔進行試作，但也只有這一輛完成。

「瑞美製造公司」（Rheem Manufacturing Company）的研究發現，那外表看起來像是一坨揉亂了的麵團砲塔，砲塔頂部除了有進出的艙口外，更有特殊的一片式由油壓開啟的大艙頂，而開啟的角度近乎垂直以方便車組人員出入。砲塔安裝一門 T178 型 90mm 砲，內有一組 8 發轉輪式彈匣

✛ 圖 7：T69 中型戰車採用當時仿法國的搖擺式砲塔設計，在自動裝填系統的助益下
能發揮異於其他戰車的高射速。（Photo/ 黃竣民攝）

的自動裝彈機與其配合作動。由於火砲採用同軸緩衝機構安
裝在砲塔前部，砲口制退器後有一個排煙器，這對當時的戰
車是一個相對較新的功能。彈藥筒的彈膛由裝填手手動重新
裝填，最多可裝填三種不同類型的彈藥：AP（穿甲彈）、
HEAT（高爆反坦克彈）或 HE（高爆彈）。射手可以透過控
制面板選擇所需要的彈藥類型，重點在於射擊單一彈種時的
最高射速可達 33 發 / 分、這是在僅發射一種彈藥類型時的情
況；在不同類型彈藥之間互換時，射速會降至 18 發 / 分，雖
然自動裝填的彈匣只有 8 發、車上還有 32 發備彈可供人力

裝填。該門火砲的最大仰角為 15°、最大俯角為 9°，在射擊穿甲彈（AP）時，可在 1,000 碼處擊穿 >150mm 的裝甲。當車輛在行軍機動時，火砲可以向後固定在左後方的行軍鎖扣上，看起來就跟 M41 戰車無異；這也是跟它沿用相同的車體與動力系統有關，因為同樣是搭載「大陸」公司的 AOS-895-3 型四行程水平對臥六缸汽油引擎，最大輸出 500 匹馬力，因此機動性能也是差不多。

在經過將近一年的各種測試後，T69 中型戰車還是有許多性能無法被當局所滿意，雖然美國在後來也在不同的車款上再度嘗試用搖擺式砲塔＋自動裝彈機的設計（另一案的 T54 戰車也以失敗告終），這樣的試驗結果都沒能成為後來量產版的戰車所使用，而這些經驗教訓無法為後來推出的戰車在技術和發展上提供實用性，因此 T69 中型戰車的計畫最

+ 圖 8：砲塔外觀看起來十足像是沒揉好的麵團，兩側凸出是被稱為「青蛙之眼」的立體測距儀鏡頭的裝甲外殼。（Photo/ 黃竣民攝）

+ 圖 9：T69 中型戰車採用與 M41 輕型戰車相同的車體與動力系統，連車尾左後方的行軍鎖扣也一樣。（Photo/ 黃竣民攝）

終於 1958 年初畫下句點。只留下唯一的一輛樣車，今日保留在裝甲與騎兵博物館內，象徵著美國裝甲歷史中也曾運用過搖擺式砲塔的設計！

◆ MBT-70 美 - 德合製戰車

隨著蘇聯在二戰之後新型戰車不斷地推出，而美國相形之下推出的產品幾乎都沒有跟上對手，美國情報部門還獲悉蘇聯的 T-62 主力戰車是經過大改的產品，包括：自動裝填的滑膛砲和升級的裝甲，給了美國更大的憂慮與壓力。雖然越戰在 1960 年代屢屢成為頭條新聞，但「陸軍戰鬥載具」（Army Combat Vehicle, ARCOVE）委員會的報告就已經建議要開發新型主力戰車，諷刺的是這時才剛接裝第一批 M60 戰車後不到三年的時間耶！而越戰都打完收工了，新型主力戰車都還沒推出。

美國為了有效對抗蘇聯的裝甲軍力，當時強調以「系統分析」（Systems analysis）做為決策基礎的國防部長：羅伯特·斯特蘭奇·麥克納馬拉（Robert Strange McNamara），在雷厲風行一系列的成本削減計劃，軍方在武器開發和許多其他預算問題的決策，才轉而選擇與當時的西德共同研製新型主力戰車。這除了保護自己的國防工業外，企業家背景的

他也發現到一個「商機」，就是冷戰期間北約國家所使用的各種武器系統的通用性很低，例如：彈藥、燃料或備用零件⋯因此，如果聯合開發這一型主力戰車能成功，或許也能解決裝甲車產業脫節的機會；並趁勢北約各國陸軍裝甲部隊的換裝潮，勢必能為兩國在這其中大賺一筆。

1963 年法國和西德簽訂了「法德友好條約」（Élysée Treaty），法國希望藉此讓西德與美國保持距離，避免西德成為美國在歐洲的附庸國；而戰後西德更致力於改善與周邊國家的關係，為避免讓美國眼紅或心生不滿，於是西德也在同年的 8 月與美國簽訂了主力戰車聯合開發的備忘錄（MOU），保證兩國在新戰車的設計和功能方面擁有平等的發言權，以共同建造所謂雙方心目中的「世紀戰車」；它集所有可用的尖端技術，使其能夠服務到 20 世紀末。這是當時聯合開發新型主力戰車的背景，但結局卻是以分手告終，除了沒有完成計畫性的新型戰車，更沒有熱銷的後端故事，只有不斷超支的預算。

+ 圖 10：以「系統分析」做為決策基礎的麥克納馬拉國防部長，除了推動將直升機轉變為主要武器外，也特別關注 MBT-70 的開發案。（Photo/U.S. Army）

+ 圖 11：採用液氣壓力氣動懸吊系統，能夠讓 MBT-70 戰車降低車身高
度達 60 公分，可大幅減少靜態位置時的輪廓。（Photo/ 黃竣民攝）

這一款美德合製的「世紀戰車」，在美國稱為「MBT-70」、在德國則稱為「Kampfpanzer 70」（KPz 70）。雙方的設計師於 1964 年 9 月進行首度的會談，針對新型主力戰車的設計規格做一個磋商。主要明訂在聯合開發的第一階段中，「通用汽車」的工程師將與奧格斯堡（Augsburg）的德國工程師一起工作；但由美國人管理德國人。[2] 進入第二階段

2　原「克萊斯勒」（Chrysler）經營的底特律兵工廠，於 1982 年出售給了「通用動力」公司。

的安排將相反：德國人將接管底特律兵工廠的管理。美國主要負責砲射導引飛彈（「橡樹棍」飛彈）的主要武裝火控系統、可變壓縮比的柴油引擎部分；德國工程師則負責副武裝（20mm 機砲）的火控系統、變速箱、自動裝填系統、懸吊系統等部分。但從作業一開始雙方就存在重大分歧，幾乎可以說只有車體外型和砲塔佈局有共識外，其餘的都各懷鬼胎，畢竟雙方都試圖獲得對方的技術並保護自己的國防工業。

儘管雙方工程師在聯合研製期間的作業並不怎麼融洽（主要就是否採用公制的部分爭議最重，因為所有設計圖紙都要重搞），戰術概念不同（美國認為防護力高於機動力、德國則認為機動力高於防護力的原則），而由於兩國採購制度的差異，在美國是由五角大廈支付研究和開發費用，以取得對研究的所有權；而德國的軍工企業則是自費盈虧的進行研究，更希望勞動成果能取得日後最大的利益，因此造成了參與該計畫的德國公司拒絕交換智慧財產權，並積極推動使用其技術。但到了 1967 年 3 月兩國完成原型車；7 月美國在華盛頓的「美國陸軍年會」（Association of the United States Army, AUSA）外展出，10 月西德在波昂展出，當時兩國的展示車都沒有安裝火控系統。但是第一批原型車的技術問題層出不窮、工程延宕和成本飆升（當時單輛的成本預估為 100 萬美元，相較 M60A2 戰車的成本也只有 22 萬美元；

而 1965 年設計定型時，專案成本估計為 1.38 億美元，到 1968 年時已經翻倍到 3.03 億美元，而且還在持續增加中），這樣的執行成效已經讓美國的國會給盯上。

以美國當時新銳的 M60 主力戰車與西德剛服役的「豹 I」（Leopard I）相較，車重（48：40 噸）、車高（3.26：2.62 公尺）、車速（48：65 公里 / 時）、越野速度（30：40 公里 / 時），而「豹 I」還具備核生化（NBC）防護能力，這也是德軍研發人員堅持要裝配的設備。由於美國需要一種可以在各種地理環境下操作的戰車，因此在需求上比合作夥伴的西德更為緊迫；畢竟他們才剛獲准重建軍備。而當時 M60 這樣的綜合性能表現，幾乎在時下會建造戰車的國家中排名起來，似乎很難讓工業水準和產品的想像能連結在一起。

道路測試和工廠測試於 1968 年展開，在「亞伯丁測試場」的相關測評中，還曾經把美軍的 M60A2「星艦」戰車調過來一起做比較，主要是這兩輛車均配備一門 152mm 火砲 / 發射器；這也是美國最在意且堅持要裝的配備，可惜他們太高估了這一型「橡樹棍」飛彈的能力了，連帶拖慘了戰車工業的發展至少十年。在這一系列的對照測試中，MBT-70 展現出驚人的性能，足以狠狠地將 M60A2 甩很遠，在 60% 坡的爬坡項目中，它的速度快了 3 倍；在加速項目上，它在 18 秒內油門就能催到 48 公里 / 時，而對手卻要 43 秒；在模擬

戰鬥的暴露測試中比 M60A2 少了 1/3；在 9.65 公里的道路上速度快 30%，各種地形的越野測試均表明 MBT-70 具有明顯的優越性。在這些比較項目中，MBT-70 的動力和懸吊系統幾乎就是完勝 M60A2 的關鍵。

不過美國堅持 152mm 砲射的 MGM-51「橡樹棍」（Shillelagh）反戰車導引飛彈，研製過程延宕至少 2 年，而美國「大陸」集團開發的可變壓縮比引擎，和德國開發的自動裝填機也有可靠性的問題，這些在開發過程中的嫌隙，竟然是透過在原始設計中添加雙方想要的功能來解決分歧，造

+ 圖 12：美國在 1967 年打造的第 2 輛 MBT-70 先導型戰車，懸吊系統可大幅降低它的車高。（Photo/ 黃竣民攝）

成兩國都製造多個引擎、懸吊系統和主要武器來重複一個設計工作，最終的樣車也成為有「美版」跟「德版」的差異。

雖然美國迷戀「橡樹棍」反戰車導引飛彈的遠程交戰潛力，和喜歡更重的裝甲獲得防護力，因此，美版原型車的車重較重一些。但德國想要一種傳統火砲的戰車，因為德國裝甲兵的實戰經驗與當時的準則中，戰車交戰的距離普遍認定<1,000公尺，因此開發的「豹I」型主力戰車的設計重點，就在以高機動力取代厚重的裝甲防護。德軍也認為「橡樹棍」導引飛彈太複雜了，而在交戰距離內戰車砲都能解決的事，實在沒必要裝備這種累贅的彈藥，而且成本又貴，因此大力反對安裝這玩意兒。後來證實德國人的觀點無誤，美國至1969年時已經在「橡樹棍」飛彈的項目上投注12億美元（44億馬克）後，卻發現自己陷入國會風暴中，在國會聽證會的結果表示：美國停止建造配備該飛彈砲塔的戰車（M60A2「星艦」和M551「謝里登」都被點名）。

MBT-70戰車的確有許多的創新和科技成分，戰車包括配備了雷射測距儀、彈道電腦、夜視儀、砲塔完全穩定、環境控制／生命維持系統、複合裝甲和先進的動力系統，但不見得樣樣都是讓人覺得好用，例如：全車3名車組人員都塞在砲塔的抗輻射艙內，駕駛手有獨立的反向旋轉裝置，所以無論射手將砲塔轉向為何，駕駛席位的設計都是面向前方。

+ 圖 13 ： MBT-70 戰車儘管在許多方面都具有創新性，但卻因為使用了太多
未經試驗的科技而被毀掉，現在只能躺在博物館內讓人憑弔了。（Photo/
黃竣民攝）

結果證明這是一個彆扭的設計，駕駛手常開車開到暈頭轉向；
還讓參議員諷刺地說：「要開這輛車得有技術學院的碩士文
憑才行！」另一項創新是複雜的可變高度懸吊系統，採用「特
萊達因大陸」（Teledyne Continental） 2812 型的雙活塞液
壓氣動懸吊，可使戰車降低約 60 公分的車高以大幅減少靜態
輪廓，並允許前 / 後、左 / 右任意組合的調整；但這卻是工程
師和機械師的噩夢。

　　到了 1969 年時，MBT-70 的開發成本已經是預期的 4-5
倍（從 8 千萬美元增加至 3.03 億美元，約 11 億德國馬克），
西德承擔的部分約為 1.3 億美元（4.76 億德國馬克），讓雙

方都難以接受。由於美國堅持使用非公制的緊固件，德國也認為這是不必要的妥協，從此德國人便減少了對該計畫的參與程度，並將駐底特律辦事處的人員減少到只剩下骨幹人員，採購規模從最初的 500 輛到完全取消，該計畫已演變成德國聯邦國防軍內部的政治尷尬，被形容是「昂貴的樂趣」（ein teurer Spaß）。最終 MBT-70 聯合研製案於 1970 年 1 月走到盡頭，讓兩國花了大把銀子後各走各的路收場。

早在 1968 年初，西德軍方已委託位於慕尼黑阿拉赫（Allach）的「克勞斯 - 瑪菲」（Krauss-Maffei）公司，以 7 千萬馬克的價格去開發一款純德國版的 70 型主力戰車 -「野豬」（Keiler）。它將計畫採用 120mm 先進的滑膛砲；由杜塞道夫（Düsseldorf）的「萊茵金屬」（Rheinmetall）公司正在開發中。儘管軍方要求 3,000 公尺交戰距離的堅持，在當時歐洲戰場上最多只有 19% 的地形環境允許，而射程 2,000 公尺的戰車砲足以應付 75% 的可預見的戰鬥場景；只有 6% 的情況下，是戰車指揮官發現敵人的距離超過 3,000 公尺，超出他們的武器射程。當時的西德早已狠下心，決定不管兩國的發展是否持續，都要升級「豹 I」主力戰車，即便將聯邦國防軍的 1,800 輛「豹 I」戰車全部進行改裝，約需花費 6.3 億馬克而已，因為這個與 MBT-70 的開發成本相比，這個升級費簡直只是「小費」（Trinkgeld）！而美國在此專案終止後，陸

軍則做出了勇敢的嘗試，想在 MBT-70 的基礎下推出較便宜
的版本，這種簡配版被稱為 XM803；也就是 XM1 的前身。

+ 圖 14：於 1970 年打造的 XM803 原型車，在外型上仍有 MBT-70 的
影子。（Photo/ 黃竣民攝）

+ 圖 15：放置在美國裝甲及騎兵博物館外的 XM803，它與 MBT-70 不
同，所採用的是扭力杆懸吊裝置。（Photo/ 黃竣民攝）

◆ M1（TTB）戰車試驗平台

+ 圖 16 ： M1「戰車試驗平台」（TTB）可以說是美國在無人砲塔戰車上的指標性產品，其試驗的目的其實就是爲了製造出 M1A3 做準備。（Photo/ 黃竣民 攝）

　　外觀看起來有幾分俄製 T-14 戰車的 M1「戰車試驗平台」（Tank Test Bed, TTB），最明顯的特徵就是那截面積很小的無人砲塔，雖然這種無人砲塔的設計概念早在 1950 年代就萌芽，但這一款 M1TTB 直到 1980 年代初期才建成，主要用於測試無人砲塔的設計概念，並將其與當時最先進的 M1A1 戰車進行比較。

　　以當時的 M1A1 戰車的重量約 57 噸來估算，但 M1「戰車試驗平台」擁有同等的火力與防護力，兩者都是配備 44 倍

徑的 M256 型 120mm 滑膛砲，但車重卻能減少約 15%（約 45 噸）。得利於自動裝填系統可將車組人員減少到 3 人，並提高乘員的生存性（人員與彈藥完全隔離）。三名車組人員併排坐在車體前部的裝甲艙內，配備一套攝影機和熱顯像儀，讓乘員保有車外動態感知的能力。

自動裝彈機是知名製造商「梅吉特」（Meggitt）的產品，空重約 700 公斤，作動模式有點類似俄系的 T-80 戰車，差別在於俄係採用分裝式彈藥，但北約的 120mm 彈藥是一體式的，因此彈藥所需直立的空間增加而影響車高。此系統可提供每分鐘 10 發的持續射速，並成功完成超過 4 萬發裝填 / 卸彈的循環，整個測試過程中沒有發生過故障。自動裝彈機容納 44 發砲彈，稍加修改後可增為 48 發、甚至 60 發，全數的彈藥都存放在砲塔環下方，但裝填完成後無法更動順序，造成戰場靈活度有點受限。裝填系統採用電動液壓驅動，以利用現有的砲塔電源，火砲在射擊後，會透過砲塔後方的一扇小門將彈底自動彈出。一旦彈藥耗盡需要為戰車重新裝彈時，會透過砲塔後部的一扇小門以 6-8 發 / 分的速度完成裝填。

由於幾乎只有火砲的骨架露出，或許在戰鬥激烈的戰場上會有易損性的質疑，因為根據統計，絕大多數戰車被敵火命中有很大的比例是落在砲塔上，但其實設計人員更著眼於，戰車中彈後會不會產生類似 T-72 戰車殉爆的後果，因此在彈

+ 圖 17：車組 3 名乘員採併坐設計，無人砲塔縮小的截面積非常明顯。（Photo/ 黃竣民攝）

藥防護上更重於外露的火砲；因為設計人員深信完全隔離的彈藥更能確保車組人員的安全。

　　然而這項試驗隨著冷戰結束後先被縮減資源，最終在 1990 年代中期便遭到取消了，因為蘇聯垮台後美國的威脅大減，也實在沒必要再搞一個類似 MBT-70 那樣高風險的鍍金項目了。不過該車那座自動裝彈機的設計概念，後來移植到「史崔克」裝甲車的 M1128「機動火砲系統」上，也算是另一種貢獻！

◆ M8「布福德」（Buford）輕型戰車

由於 M551「謝里登」輕型戰車在實戰中的表現不盡理想，因此在越戰結束後不久，美軍除了空降師和國民兵的單位保留一些外，便急於將它淘汰了。加上美國當時執行「卡特主義」（Carter Doctrine）的積極干預戰略，希望建立一支可快速在全球部署的部隊，也就推動組建所謂「快速部署部隊」（Rapid Deployment Force）的學說。1981 年陸軍指定由「第 9 步兵師」承擔了這一項兼具空運戰略機動性和常規步兵師火力的「高科技輕裝師」（High Technology Light Division, HTLD）試驗任務，為了完成這項艱鉅的任務，需要新的方法來確定和測試概念、準則條例、部隊結構和裝備。加上「空地一體戰」的倡議下開始對部隊進行大規模重組，陸軍開始想研製性能更強的輕型戰車方案，以支持快速部署的輕裝步兵師，因此推出「機動防護火砲系統」（Mobile Protected Gun System, MPGS），但後來更名為「裝甲火砲系統」（Armored Gun System, AGS）的建案。

早在 1976 年陸軍贊助的裝甲戰車技術分析的演習中，就曾想透過最大限度地減少戰車的物理特徵，來提高其戰略機動性和戰場生存能力，能夠透過 C-130 或 C-17 運輸機的低速空投來部署此類車輛，而且不犧牲火力的情況下減輕車

+ 圖 18：無人砲塔的「遠征戰車」雖然通過陸軍的測評卻不受青睞，但砲塔概念卻在後來的 M1128「機動火砲系統」上重新呈現。（Photo/General Dynamics）

+ 圖 19：採用及模組化裝甲的「裝甲火砲系統」，車重增加 2 噸但仍然可由 C-130 運輸機攜帶，但不能空投。（Photo/US Army）

重。經情報顯示，75mm 口徑的火砲已經無法對蘇聯第一線戰車起殺傷作用，而 105mm 是底線。但當時 20 噸重的載台被認為太不穩定，無法承受標準 105mm 砲射擊產生的強大後座力而難以為繼。因此，取代空降師使用的 M551「謝里登」戰車和裝甲騎兵團使用 BGM-71「拖」（TOW）式飛彈悍馬車的案子也就遙遙無期。

1983 年，曾於二戰之初獲得戰爭部設計和製造兩棲履帶式登陸車（LVT）合同的「食品機械公司」（Food Machinery Corporation, FMC），開始自行研發「輕型近戰車輛」（Close Combat Vehicle – Light, CCV-L），並於 2 年後推出首輛原型車。由於一些設計理念與新技術的運用難以讓軍方接受，主要是出於車體材料與工法的防護力低，和軍方對於自動裝填系統的疑慮，後來經過微修之後提交參與「裝甲火砲系統」的專案計畫。在該專案中，「輕型近戰車輛」竟然擊敗了「凱迪拉克」的「魟魚」（Stingray）輕型戰車和「泰萊達車輛系統」（Teledyne Vehicle Systems）的無人砲塔「遠征戰車」（Expeditionary Tank）。後來「輕型近戰車輛」和「魟魚」雖然都通過陸軍的測評，但到了 1987 年年底時因為採購金額過大而遭到擱置。

歷經巴拿馬的行動與科威特危機後，第一批部署到沙烏地阿拉伯的空降部隊，所使用的 M551「謝里登」輕型戰車，

根本不可能與伊拉克陸軍正面抗衡，因此再度力陳急需新一代輕型戰車而引起高層重視，於是才讓「裝甲火砲系統」案再度浮出檯面，在 1990 年 11 月授權陸軍重啟開發案。但陸軍認為與其繼續改良 M551「謝里登」，不如用現成的「裝甲火砲系統」取代它還會更便宜，並且有更多功能性。後來「聯合防衛」（United Defence Industries）眼看機會再現，便大力修改先前「輕型近戰車輛」的弱點，也如願地在 1992 年 6 月獲得陸軍的青睞，宣布將其正式賦予 XM-8 的編號，生產 6 輛測試車以進入下一階段。這些測試車輛在「巴富特堡」（Fort Barfoot）和「亞伯丁測試場」歷經數個月包括生存性的一連串測評，車輛在不同地形下總共行駛了 3.1 萬公里，使用各種彈藥進行過 6 千次的射擊。

　　然而，隨著冷戰結束後美軍新一輪的裁軍加劇，讓 M8 的未來再度搖搖欲墜，而且先前在五角大廈內最力挺「裝甲火砲系統」的陸軍參謀長—戈登・拉塞爾・蘇利文（Gordon R. Sullivan）上將已退休，雖然 XM-8 在 1995 年 10 月也取得正式的 M-8 編號，但美國的國防預算已被削減至 1950 年之後的最低採購金額，陸軍被迫只好審查幾個棘手的項目將其取消，而不是各案進行小額削減的模式，於是「裝甲火砲系統」案於 1996 年再度被取消了，M8「布福德」輕型戰車罕見成為虛有其名，來陸軍白走一遭的產品，只能被當成是

冷戰結束後「和平紅利」下的犧牲者。

M8「布福德」輕型戰車車體採用鋁鋼複合裝甲，能抵抗基本的輕兵器和砲彈破片，並視情況添加模組化附加裝甲（II、III級），包括爆炸反應裝甲（ERA）的套件，但這樣升級的樣式會對空中運輸造成影響。該車的初始設計原本就是用於從隱蔽處支援步兵，並非設定與主力戰車交戰（即便車裝的 105mm 線膛砲的火力不容輕忽），因此裝甲的考量絕非首要項目。

M8 的基本版車重 18 噸，由 3 名車組人員（駕駛手、射手和車長）操作，採用「底特律柴油機公司」（Detroit Diesel Corporation, DDC）出產的六缸 92TA 型多燃料柴油引擎，搭配「艾利森」3040 MX 型變速箱，可輸出 550 匹馬力，推重比 28.3 匹馬力 / 噸（比 M1A1 戰車還好），最高速度 70+ 公里 / 時，燃油容量 570 公升，行駛範圍為 480 公里。主要武裝為一門「沃特弗利特兵工廠」（Watervliet Arsenal）研製的 M35 型 105mm 低後座力線膛砲（備彈 30 發，自動裝彈機彈匣 21 發＋車體儲藏室 9 發），射速 12 發 / 分，火砲旋轉一圈約 8.5 秒，俯仰角度為 -10°至 +20°，火砲升降 11° / 秒。為了更簡易地步戰協同，仍然保有步兵電話的配置。

後來美國陸軍雖然轉型成為「旅級戰鬥隊」（BCT），使用由「通用動力陸地系統」（General Dynamics Land

Systems, GDLS）改裝自 LAV Ⅲ而成的 M1128「機動火砲系統」（Mobile Gun System, MGS），接替 M8 該補的空缺。但必須說明，M8「裝甲火砲系統」與輪式的「機動火砲系統」在任務上還是大不相同，前者旨在用於反裝甲作戰，而後者的主要目標則包括掩體、建築物、武器陣地和部隊。

「蘇利文盃」（Sullivan Cup）最佳戰車車組競賽

　　當西奧多・丹尼爾・馬丁（Theodore Daniel Martin）將軍在擔任第 45 任「裝甲兵指揮官」（Armor Branch Chief）時，於 2012 年設立了一項兩年一度的「蘇利文盃」（Sullivan Cup）最佳戰車兵競賽活動，這個屬於裝甲兵的競賽活動是繼「加拿大銀盃」（Canadian Army Trophy, CAT）停辦之後，比較有系統性檢驗裝甲兵綜合戰技的競賽，可惜它早期仍然只有美國或加拿大裝甲兵的參與；但是它比俄羅斯主辦的「坦克兩項」（Tank biathlon），甚至是美 - 德合辦的「堅強歐洲戰車挑戰賽」（Strong Europe Tank Challenge）都還要早（它們分別是 2014 年與 2016 年開始舉辦）。

　　該競賽是以紀念退休的裝甲兵：戈登·拉塞爾·蘇利文（Gordon Russell Sullivan）上將為名，在他的軍旅生涯中多次指揮過各層級的裝甲部隊，服役超過 36 年後從陸軍退役，最終擔任第 32 任的陸軍參謀長一職，對於美國裝甲部隊的貢

獻卓著。「蘇利文盃」裝甲兵的競賽活動，在喬治亞州的「摩爾堡」（原「班寧堡」）舉行，參加的隊伍除了現役部隊（含國民兵與後備役）；也包括海軍陸戰隊和盟國的裝甲兵參與，在 2024 年這一屆的競賽更加全面性，參賽的外籍隊伍還首次包括德國、荷蘭、波蘭等外國隊伍（先前科威特、沙烏地阿拉伯、澳洲和加拿大就曾參與過），未來確定會有更多的國家會來一同競技。

+ 圖 1：蘇利文退役上將可說是一位退而不休的將軍，從陸軍退役後擔任「美國陸軍協會」、「陸軍歷史基金會」和「馬歇爾遺產研究所」的主席等職務。（Photo/US Army）

+ 圖 2：2024 年「蘇利文盃」裝甲兵競賽活動的海報，標題的文字依舊保留著一戰時期裝甲兵徵兵海報的口號～「粗暴地對待他們（敵人）」。（Photo/US Army）

　　「蘇利文盃」最佳戰車兵競賽會在每逢偶數年的五月第一週舉行，開幕儀式照例會安排實彈射擊的火力展示科目，讓親友及一般民眾也能近身體驗美國陸軍裝甲部隊的戰鬥力。透過受管控的訓練場地所模擬出的高壓環境，來驗證裝甲兵的戰術、技術和程序（Tactics, Techniques, and Procedures, TTP），評估美軍最新的野戰教則，並透過競爭和袍澤情誼建立團隊精神，從而支持裝甲兵的戰備狀態。

　　這樣的比賽內容從初期競賽時的 3 天，發展迄今已經延長為 5 天，而比賽的項目與內容也越來越全面性，也就是對於戰車的車組人員而言更加具有挑戰性。由於參賽隊伍超過

＋ 圖 3：開幕式在「紅雲靶場」（Red Cloud Range）舉行，照例都會安排名為「雷霆萬鈞」（Operation Thunderstrike）的實彈火力展示。（Photo/FORSCOM）

十支，還得先區分成二個群組以利比賽進行；今年參賽的女性官兵更有 4 位，比例又較上屆增加，這或許已經成為一種必然的趨勢！以美國陸軍的裝甲兵為例，從 2016 年裝甲兵科接受女性服役以來，根據統計資料指出，於 2022 年當時的美國裝甲兵學校中就約有 4% 是女性官兵；裝甲偵察兵的比例則低一些，大約是 2% 而已！（士兵年薪的底薪從 22,000 美金起跳）

　　以 2024 年競賽項目的內容為例，本屆競賽計 12 大項（每項 100 分為滿分），提供給讀者們參考：

＋ 圖 4：在這樣強度的裝甲兵 / 裝甲步兵競賽中，女性官兵的參賽比例創下新高；圖為在賽前的分組排序中，加拿大隊伍的女兵。（Photo/ 黃竣民攝）

　　I.「射手第一習會」（Gunnery Table I）：亦稱為「射手射擊技能評鑑」（Gunnery Skills Test, GST）。戰車於停止間訓練射手及車長的基本射擊能力，訓練要項包含目標獲得、目標賦予、多重目標射擊及射擊指揮修正的基礎射擊技能。

　　參考準則 TC 3-20.1-1。

　　II.「射手第二習會」（Gunnery Table II）：亦稱為個人及乘員射擊訓練。訓練時以全車乘員為主，且車長及射手需完成第一習會訓練並合格後才能實施，實施地點位於「克拉克模擬中心」（Clarke Simulation Center）。本習會在訓練戰車各乘員之射擊技能，並在模擬器上完成戰車停止間對運動及靜止間目標射擊的能力，射擊目標還包含有友軍目標，藉此訓練目標識別的能力，本習會共射擊 20 個目標，射擊時需在車長及射手位置使用各個瞄準具實施，每個目標需於 6 秒內完成射擊。此站，「艾布蘭」車組人員使用「進階射擊訓練系統」（Advanced Gunnery Training System, AGTS）；裝甲步兵車組使用「布萊德雷進階訓練系統」（Bradley Advanced Training System, BATS）。參考準則 TC 3-20.31。

　　III.「射手第四習會」（Gunnery Table IV）：亦稱為乘員進階射擊評鑑課程（區分日／夜間射擊），第 4 習會為基礎射擊的合格鑑定，亦可說明為射擊 1-3 習會之綜合射擊能力之評定，用來評定戰車乘員是否能進入下一階段組合射擊

+ 圖5：「第二習會」主要是以模擬器的方式進行。（Photo/US Army）

的總驗收，戰車乘員需通過本習會所有測驗，共 10 個射擊區分，一般使用模擬器實施，若模擬器合格後亦可使用實距離靶場實施實彈射擊。

當射擊任務開始後目標同時出現，此時車長需決定射擊優先順序並實施接戰。完成射擊後教官依評分表實施評分，評分除以完成接戰時間量化成績計算外，另加入目標獲得、接戰時間及命中效果實施綜合評鑑。

參考準則 TC 3-20.31。

IV.「呼叫火力支援」（Call For Fire）:選手依循下列程序：

1. 確定目標區域內的方向（061-283-1001）。

2. 透過網格座標定位目標（061-283-1008）。

3. 使用量角器確定網格方位角（071-COM-1018）。

4. 調整曲射火力（061-COM-1000）。

參考準則 FM 6-30, Chapter 4。

V. 「準則測驗」（Doctrine Exam.）：

裝甲兵測驗準則包括：

• TM-9-2350-264-10-1/ Tank Manual -1

• TM-9-2350-264-10-3/ Tank Manual -3

• TM-9-2350-264-10-4 Tank Manual -3

• TC 3-20.31-4/ DIDEA

• FM 3-20.21/ HBCT

• LO 9-2350-264-13/ Lube Order

• ATP 3-20.15/ Tank Platoon

• TC 3-21.75/ The Warrior Ethos and Soldier Combat Skills

• STP 17-19K24-SM-TG/ Soldiers Manual and Training Guide MOS 19K Skill Levels 2/3/4

裝甲步兵測驗準則包括：

• TM 9-2350-438-10-1/ Bradley Manual -1

• TM 9-2350-438-10-2/ Bradley Manual -2

• ATP 3-20.98/ Scout Platoon

- STP 17-19D1-SM-TG/ Soldiers Manual and Training Guide MOS 19D Skill Level 1
- TC 3-20.31-4/ DIDEA
- TC 3-20.31-1/ GST
- FM 3-20.21/ HBCT
- TC 3-20.31/ Training and Qualification Crew

✚ 圖 6：準則測驗還包含敵 / 友軍的車輛識別。（Photo/3rd Squadron, 16th Cavalry）

VI.「斯塔里」體能測驗（Starry Physical Proficiency Test）：包括 5 個項目；每一細項的測驗間隔至少需兩分鐘的時間。

1. 彈藥舉升：一名乘員必須在兩分鐘內將一枚 120mm 高爆彈（HEAT）從地面舉升到頭頂上方，次數越多越好。

2. 履帶塊拖移：每位組員必須盡速地以折返跑的方式，將 10 片戰車履帶搬移 20 公尺（不得拋甩），並交叉疊放。

3. 拖纜爬行：每位組員必須先伏地拖鋼纜 15 公尺，再以跑步方式拖鋼纜回到起點。

4. 滾負重輪：每位組員必須盡速滾動 M1「艾布蘭」戰車的路輪，繞球場的距離滾一圈（約 240 呎）。

5. 一哩跑步：每位組員必須穿著操作服完成一哩跑步。

＋ 圖 7：該項裝甲兵的體能訓練項目，是由唐·阿爾伯特·斯塔里（Donn Albert Starry）將軍，於 1974 年任職「美國陸軍裝甲兵學校」（United States Army Armor Center and School）校長時所創立。（Photo/US Army）

＋ 圖 8：「斯塔里」體能測驗包含彈藥舉升等五個項目。 (Photo/US Army）

VII.「射手第六習會」（Gunnery Table VI）：本習會為戰車砲射擊，也是本項競賽的焦點，實施的過程較久，也不容易能夠全程進行了解。

　　整個過程車組除了會有攻擊與防禦的作為外，射擊方式也涵蓋日／夜間的戰鬥，射擊模式區分防禦射擊及攻擊射擊兩種模式，而射擊的目標包含戰車正面、側面、甲車正面及側面等較大之目標，射擊距離 700-1,900 公尺，各目標出現的時間從 40 秒到 60 秒不等；也有卡車、輪型甲車、步兵部隊等目標要對付，因此砲塔的機槍也會參與射擊項目，而車輛本身在行進間射擊時的車速為 24-40 公里／時，對車組的

+ 圖 9：「第六習會」的射擊項目，是本競賽中考驗車組綜合戰鬥技能的最佳時機。
（Photo/US Army）

訓練才算是綜合考驗。

在完成 12 個射擊的階段後，評分標準除了計入接戰時間的量化成績外，還考量目標獲得、接戰時間及命中率的綜合評鑑，以滿分為 100 分的 70 分為合格。

參考準則 TC 3-20.31。

VIII.「戰場維修」：戰車或步兵戰車組人員必須拆卸並安裝替換的履帶和負重輪。在距離車輛前方 50 公尺處會置放路輪及履帶，車組成員得依照標記損壞的部分進行更換作業，依照準則開啟裝甲側裙及相關的作業技令，如果未依照程序

+ 圖 10 / 圖 11：「戰場維修」的測驗項目絕對是一項苦差事，車組人員得在烈日下給車輛拆卸路輪、更換履帶。（Photo/ 316th Cavalry Brigade）

標準將會被加時 5 秒；重大的安全違規則會加時 5 分鐘。當車組人員將損壞的履帶和路輪卸除，完成新品更換後，並將卸下的損壞料件放置在托盤上，即算完成比賽的時間。

參考準則:TM 9-2350-388-10-4（戰車組）、TM 9-2350-438-20&P-3（步兵戰車組）

IX.M17 手槍射擊:評估每位士兵在不同距離與核生化輻射（CBRN）的環境下使用 M17 手槍射擊，每位士兵將獲得一個 5 發子彈的彈匣用於熟悉射擊用（不計分），另外有三個 10 發彈匣和一個 7 發的彈匣用於比賽。

該項目每位車組人員總共要射擊 37 個目標（30 個一般條件、7 個 CBRN 環境下）並區分成三個階段：

第一階段（CPQC）分為三個射擊姿勢（立姿、跪姿和運動），各射擊 10 個目標；運動射擊總共行走 10 公尺距離，

而每一個射擊姿勢的轉換階段將有 10 秒的時間，讓選手進行彈匣的重新裝填。

第二階段（CBRN）是選手戴著防護面具在固定位置上射擊 7 個目標；但如果選手無法在 9 秒內合格地戴上防護面具，他們將被取消本階段的資格，更不用射擊這 7 發子彈。

參考準則 M17 Pistol Standards TC_3-20.40, Appendix D。

X.「戰傷救護」（Medical Lane）與「壓力射擊」（Stress Shoot）：針對車組人員受傷，依照「國防衛生局」和「戰傷救護」（TCCC）的要領，使用戰鬥止血帶治療危及生命的

＋ 圖 12 ： M17 手槍射擊的訓練也充滿實戰的條件，其中除了各種射擊姿勢外，也包含戴防護面具的射擊。 （Photo/316th Cavalry Brigade）

出血，確保傷患呼吸道通暢，將傷者安置在擔架上，轉移至指定的救護車交換點（AXP）。工作人員會依每項任務的時間和完成情況進行評分，車組人員選手若未依標準執行會罰加時 5 秒；重大違規則處罰加時 20 秒。

在「壓力射擊」下，車組人員將使用手槍，在身體和精神壓力下（透過折返跑、拖曳重物跑、舉壺鈴跑…等讓心肺處於非平靜狀態）射擊多個目標。參賽者若未能命中目標則加時 5 秒、順序不正確者則加時 3 秒。

✦ 圖 13：模擬車組人員受傷的戰傷救護，除了將傷員抬下車實施救護外，接著還有一系列讓身體在喘吁吁的情況下，操作手槍射擊的流程。（Photo/316th Cavalry Brigade）

XI. 小型無人機反應（React to sUAS）：依照戰車排對空中接觸做出反應，將戰車進行機動疏散，履行空中警衛的職責，準備狀況報告（SITREP），識別作戰車輛和飛機，駕駛坦克，發送現場報告（SPOTREP）。

參考準則 ATP 3-01.81。

XII.「最後衝刺」（Final Charge）：車組人員得先一起穿著操作服＋背心跑完 2 哩的距離，然後進入操場上的賽道，準備進行一連串的考核動作。首先要組合一具無線電，經過測試能通聯之後，再往前取得地圖，先在地圖上找出自己的定位，然後對指定演出傷兵的隊員進行包紮，並以「北約 9

+ 圖 14：無人機已成為今日坦克的最大威脅，在競賽的項目中也新增了反無人機的這一個科目。（Photo/U.S. Army Maneuver Center of Excellence）

✦ 圖 15/ 圖 16：在「最後衝刺」的項目中，除了先跑步外，還有通信作業、地圖判讀、兵器結合、戰傷救護…的各道關卡，參賽隊伍得合作在 11 分鐘內完成。（Photo/US Army）

線」的無線電呼叫傷患後送，回報敵情資訊（座標、單位…）、呼叫火力支援、隊員抬起擔架（上面放置重物以模擬體重）向前，將一挺 M240 機槍進行結合後完成試射，確保機件正常…整個行動在 11 分鐘內完成（不含先前的 2 哩跑步）。

在經過五天激烈的競技後，這種所謂類似於「裝甲兵評鑑」的賽事終於告一段落，本屆產生出的冠軍隊伍，是來自田納西州國民兵部隊「第 278 裝甲騎兵團」（278th ACR）所派出的「艾布蘭」戰車車組奪得，該裝甲騎兵團也是國民兵部隊中唯一的一支裝甲騎兵團；而最佳的「布萊德雷」步兵戰車車組則由第 1 騎兵師第 5 騎兵團所派出的隊伍獲得。冠軍隊伍上台領獎時會以單腳跪姿，主持的長官會持劍於冠軍得主的右肩、左肩輕點，也就是仿古代騎士的冊封儀式舉行，這樣的傳統沿襲著騎士的意涵，除了冠軍獎盃與獎牌外，並會頒給冠軍車組每人一把手槍及軍刀作為獎品。

+ 圖 17 ：2024 年「蘇利文盃」的「最佳坦克車組」（Best tank crews）出爐，
左邊 4 名爲「艾布蘭」戰車的車組人員，來自第 278 裝甲騎兵團；右邊 3 名
爲「布萊德雷」步兵戰車的車組人員，來自第 1 騎兵師第 5 騎兵團。（Photo/
黃竣民攝）

+ 圖 18 ：頒獎典禮後，筆者也跟冠軍隊伍「第 278 裝甲騎兵團」的團長唐尼·
赫貝爾（Donny Hebel）上校及團士官長合影，一同見證這歷史性的一刻。
（Photo/ 黃竣民）

　　像「蘇利文盃」這樣的裝甲兵競技比賽，比較強調的是車組內各兵所要發揮出的基本戰技，在訓練上保留了基本知識的重要性，因此很多項目都與士兵的體力與基本軍事素養息息相關。而裝甲兵學校也能夠透過這樣的比賽，除了深化裝甲部隊的向心力與凝聚力外（可以看到各分站都有許多各單位的退伍老兵前來加油打氣，分送紀念品及提供物資），也期望能夠以此測試和調整教學計劃。就像當前美國陸軍推行為期22週的「一站式部隊訓練」（One Station Unit Training）；新兵在完成10週的「基本戰鬥訓練」（Basic Combat Training）後，還要接受12週的「進階訓練」（Advanced Instruction），讓新加入的裝甲兵學習如何駕駛、裝填彈藥、射擊和維護M1「艾布蘭」主力戰車，以提高裝甲部隊的專業水準，成為美國陸軍中最具殺傷力的部隊。

＋ 圖 19：感謝美國裝甲兵學校指揮官 Michael J. Simmering 准將，在「蘇利文盃」活動期間的協助。

艾布蘭戰車
各席位大部介紹

M1A2 SEP v2戰車射手、車長席位大部介紹

車長顯示面板

車長位
置頂燈

遙控武器站
控制面板

車長通信
控制單元

遙控武器站
控制握把

車長超越
控制握把

射手位
置頂燈

射手瞄準
具延伸鏡

改良型射
手控制顯
示面板

處理單元

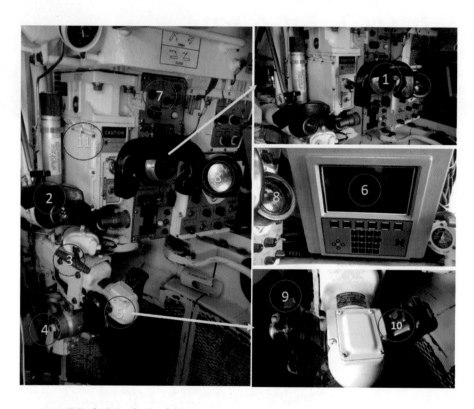

M1A2戰車射手席介紹

1.射手主要瞄準具

2.射手輔助瞄準具

3.手動擊發扭柄

4.人力高低握把

5.射手H型控制握把

6.改良型射手控制顯示面板

7.射控模式選擇面板

8.熱顯像儀

9.擊發鈕

10.雷測測距鈕

11.護眼雷射測距機

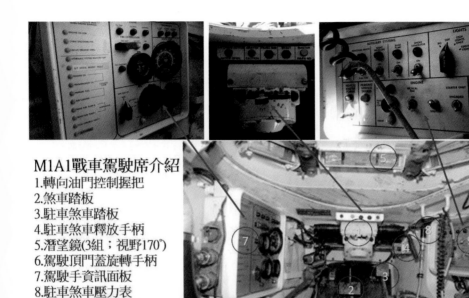

M1A1戰車駕駛席介紹

1.轉向油門控制握把
2.煞車踏板
3.駐車煞車踏板
4.駐車煞車釋放手柄
5.潛望鏡(3組；視野170°)
6.駕駛頂門蓋旋轉手柄
7.駕駛手資訊面板
8.駐車煞車壓力表
9.駕駛手主控制面板
10.引擎室手動滅火拉柄
11.乘員室手動滅火拉柄

致謝

特別感謝 /Special thanks to:

在本書的寫作期間，很榮幸獲得美國方面的大力協助，也要在此特別感謝以下人員的熱心支持，才讓我有機會將這一本以美國戰車為主題的著作完成：

江際泰、徐浩源、范秀香、許琮和、郭道鎮、黃采婕、黃偉銘、黃寶鈴、劉同禮、張合中、張熙、張趙淑珍、張寓嫻、葉金玉、蘇玉香。

Alexander P. Mosher (US Army)、Benjamin Patton (Founder, Executive Director of Patton Veterans Project)、Courtney Dean (US Army)、David Hanselman (Director of Army Museum Enterprise - Southeast Region)、Eury Cantillo (Curator of US Army Ordnance Training Support Facility)、Howard Tsai、Jan-uwe Pettke、Joe Reinkober (US Army)、Michael J. Simmering (Commandant of Armor School, US Army)、Peter Chen、Robert Bruce Abrams (US Army Ret.)、Robert L. Cogan (Curator of U.S. Army Armor & Cavalry Collection).

美國戰車發展沿革暨大

～1920　　　1930　　　1940

1917.11
美國在法國布爾格成立第一所輕型戰車學校，由巴頓負責培訓。

1917.12
美國遠征軍(AEF)成立戰車部隊，由羅崗巴赫擔任指揮。

1918.9
美國戰車部隊首戰用於在聖米耶爾攻勢中

1918.1
美國於柯爾特營成立陸軍戰車部隊，也是美國境內唯一的戰車學校，與遠征軍互不隸屬。

1918.9
經法國授權生產的M1917型戰車，於9月開始交付，但戰爭已近結束。

1919
由岩島兵工廠生產100輛以英國馬克VIII重型戰車為基礎的自由型戰車。

1920
一戰後，美國大幅裁撤裝甲部隊，並在1920年新頒的國防法案後，將戰車部隊降編至各步兵師麾下。

1928.7-9
戰爭部長戴維斯下令在馬里蘭州米德營成立第7騎兵旅(機械化)以測試裝甲編隊的概念，同時接受現代作戰戰術的訓練。

在兩次世界大戰期間，美國的戰車發展幾乎處於停滯狀態，戰車部隊僅保留自由型重戰車與M1917輕戰車，而沒有中間的型號，直到1928年頒布中型戰車與騎兵戰鬥車的開發計畫。

1937
生產騎兵用M1戰鬥車

1939
生產M2中型戰車

1940.7
由肯德基州諾克斯堡的第7騎兵旅為骨幹，奉令擴編成第1裝甲師，這是美國首支「裝甲師」；並於1940年10月成立美國陸軍裝甲兵學校。

1941
生產M3/5輕型戰車、M3、M4中型戰車

1941.8
約40萬名參與「路易斯那」大演習，彰顯美軍對機械化作戰的...

1980　　　1990　　　2000

1973
生產M60A2戰車

1978
生產M60A3戰車

1979
生產M1艾布蘭戰車

越戰期間，美軍約投入800輛戰車(600輛M48+200輛M551)，其中因作戰損失約350輛(200輛M48+150輛M551)。適逢1970年代第四次「以阿戰爭」後，出現第一次的戰車無用論。

1983
陸軍制定「裝甲火砲系統」(AGS)的計劃，裝甲學校開始使用履帶式輕型、靈活度高、防護力夠的突擊砲。也在M1戰車上，研製無人砲塔的M1 TTB戰車試驗平台，以及搭載140mm火砲的「先進技術組件測試平台」。

1985
生產升級版M1A1戰車

1989.12
美軍執行「正義之師」行動，入侵巴拿馬推翻諾瑞嘉，解散了巴拿馬國防軍。

1992
生產升級版M1A2戰車

1990.8
爆發第一次波斯灣戰爭，以美國為首的聯軍以100小時的地面戰，擊敗伊拉克。

1996
美軍取消輕型戰車(M8)的採購計畫，該車款研製耗時近十年(1983-1992年)，終究還是尋無接替M551空降戰車的車款。

1999
生產史崔克裝甲車、升級M1A2 SEP戰車

2001.9
「9.11事件」爆發後，美國領軍向阿富汗發動長達廿年的反恐戰爭。

2002
生產M1128「機動火砲系統」

美國...次波...推翻...並推...組...建構...鬥隊...鈍重...

事紀要(1917～2024)

1950　　　1960　　　1970

1944
生產M24、M26戰車

1948
生產M46巴頓中型戰車，以取代M26潘興和M4雪曼戰車，成為冷戰初期美軍的主要戰車。

1951
生產M41華克猛犬、M47巴頓戰車

1952
生產M48巴頓戰車

1957
生產M103重型戰車

1959
生產M60主力戰車

1966
生產M551輕型戰車，能用C-130運輸機空運和空投至戰場。

-9
士兵
易斯安
，改
於機械
觀念。

1944
研製M6、T28重型戰車。

1950.6-1953.7
6月30日，杜魯門總統命令美國陸軍參戰，韓戰期間共爆發119場戰車戰鬥，美-韓戰車的戰損比約為1:3。

1953-1955
研製M56及M50驅逐戰車，並短暫投入於越戰戰場。

1963-1971
美-德簽署備忘錄，共同研製MBT-70戰車，西德於1969年退出，美國則將設計轉換為XM803作為替代方案；但也在1971年12月遭國會取消。

1965.
M48戰車首次出現於越南戰場

2010　　　2020～

2003
推出M1A2「戰車都市生存套件」(TUSK)

2008
生產升級版M1A2 SEP v2戰車

2017
生產升級版M1A2 SEP v3戰車

2022.6
獲准生產M10「布克」輕型戰車，並於2024初接收首輛。

2023.9
正式宣布取消M1A2 SEP v4戰車升級計畫，改以研製新型的M1E3戰車為方向。

2017
五角大樓測試15種「主動防護系統」(APS)後，顯示以色列製的「戰利品」系統最為可靠，美軍自2018年編列預算為M-1A2 SEPv2戰車加裝主動防護系統。

003.3
發動第二斯灣戰爭，海珊政權。動兵力重以模組化「旅級戰」取代原性高的師。

2005
美軍進行第五輪的「基地調整和關閉」(BRAC)，將26個基地重組為12個聯合基地；裝甲兵學校名列其中。

2011.9
裝甲兵學校從原諾克斯堡遷移至摩爾堡，並與步兵學校合併成為「機動卓越中心」(MCoE)。

2020
美國海軍陸戰隊依據《2020-2030年美國海軍陸戰隊十年建軍綱領》款撤裝甲部隊，所屬戰車全移交陸軍。

2022.9
GDLS在陸軍年會上，推出「艾布蘭X」概念戰車。

2023.9
美國軍援烏克蘭31輛M1A1 SA型戰車抗俄

鍛造美利堅雷霆／黃竣民著；-- 初版 . -- 臺北市：黎明文化 ,2024.11〔民 113〕面；公分 –

ISBN 978-957-16-1034-4 （平裝）

1.CST: 戰車 2.CST: 軍事裝備 3.CST: 美國史

595.97　　　　　　　　　　113014387

圖書目錄：598027（113-10）

鍛造美利堅雷霆

作　　　者	黃竣民
董　事　長	黃國明
發　行　人	
總　經　理	文天佑
總　編　輯	楊中興
執 行 編 輯	吳昭平
美 編 設 計	陳順龍

出　版　者	黎明文化事業股份有限公司
	臺北市重慶南路一段 49 號 3 樓
	電話：（02）2382-0613 分機 101-107
	郵政劃撥帳戶：0018061-5 號
發　行　組	新北市中和區中山路二段 482 巷 19 號
	電話：（02）2225-2240
臺 北 門 市	臺北市重慶南路一段 49 號
	電話：（02）2311-6829
公 司 網 址	郵政劃撥帳戶：0018061-5 號
	http://www.limingbook.com.tw

總　經　銷	聯合發行股份有限公司
	新北市新店寶橋路 235 巷 6 弄 6 號 2 樓
	電話：（02）2917-8022
法 律 顧 問	楊俊雄律師
印　刷　者	中茂分色製版印刷事業股份有限公司
出 版 日 期	2024 年 12 月初版 1 刷
定　　　價	新台幣 560 元